Python

実践 Python ライブラリー

心理学実験プログラミング

Python/PsychoPyによる実験作成・データ処理

十河宏行［著］

朝倉書店

はじめに

今日の心理学実験では，様々な場面でパーソナルコンピュータ (PC) が利用されている．高い時間精度での視聴覚刺激の制御や，実験参加者の反応時間の計測といった手作業では困難な作業はもちろん，刺激の提示順序の管理，反応の記録といった手作業で可能な作業でも PC を利用するメリットは大きい．本書では，プログラミング言語 Python を用いて心理学実験を作成する手法を解説する．視覚刺激や聴覚刺激の提示，反応時間の計測，反応の正誤の判断，無作為な順序での刺激の提示，参加者の反応に基づいた刺激提示の制御，シリアルポートを用いた外部機器との通信など，様々な心理学実験に活用できる技術を紹介する．さらに，実験結果が保存されたファイルを操作して平均値などの記述統計量を計算したりなどの統計パッケージ用にデータを整理する手法や，音声刺激や画像刺激を加工するなどのより高度な実験を実現するための手法も紹介する．なお，ある程度 Python に関する情報を持っている方の中には pandas, matplotlib，IPython/Jupyter 等についての内容を期待している方も多いと思われるが，残念ながら本書では pandas と matplotlib についてごくわずかに触れるのみである．あらかじめご了承いただきたい．

本書を執筆する上で筆者が頭を悩ませたのは，PC やプログラミングの基礎的な知識など，他の入門書でも学べる内容ををどこまで解説するかという点である．恐らく，心理学実験のためのプログラミング技術を学びたい学生の多くは，これらの基礎知識から学ぶ必要があると思われる．しかし，本書の分量でこういった基礎知識の解説を行うには，心理学実験のためのプログラミング技術の解説に割く分量を大幅に削る必要があった．そこで，本書では，Python の基礎的な事項の解説は最小限にとどめ，心理学実験についても「心理学を専攻し，研究室に配属された学部 4 年生以上」を読者として想定することにした．この条件に当てはまり，なおかつ Matlab や R，C++といった Python 以外の言語でのプログラミングの経験がある人なら，手元に 1 冊 Python の入門書を用意するかインターネット検索を利用すれば問題なく読めると思われる．

授業でプログラミングを習ったことがなく，プログラミングについて質問できる先輩などがいない学部生の方にとっては，本書は難易度が高いだろう．最初はサンプルコードを実行して動作を確認した後，数値などを書き直してみることをお勧めしたい．うまく動作すればその数値の意味がよく理解できるだろうし，エラーメッセージが表示されて停止してしまった場合は「なぜエラーになったんだろう」と考えると非常によい勉強になる．エラーメッセージは英語なので怯んでしまうかも知れないが，実際難しいのはメッセージに含まれる用語であって，用語さえ理解できれば英語がわからなくてもおおよそ何が書いてあるかはわかることも多い．エラーメッセージをたくさん見て，そこに出てくる用語を入門書で調べたりインターネット上で検索したりすると，だんだん理解できるようになってくるだろう．道は険しいが，心理学実験のプログラム作成に興味があるのならぜひ挑戦してみてほしい．本書のサンプルコードの大部分は筆者の web サイト (http://www.s12600.net/psy/python/pyexp/) からダウンロードできるので，活用していただければ幸いである．

全体の 7 割ほどを書き終えた時点で，国里愛彦先生，澤幸祐先生，内藤智之先生 (50 音順) に原稿を読んでいただき，原稿を書き進める上で大変参考になるご意見をいただいた．朝倉書店編集部には，本書の企画段階から手厚くサポートしていただいた．行き詰るたびに長文の相談メールを送らせていただいたので，さぞかしお手を煩わせたに違いない．これらの方々に深く感謝の意を表したい．

2017 年 3 月

十 河 宏 行

目　　次

表　目　次

1 Python と PsychoPy の準備

1.1 本書で使用する Python

本書では，プログラミング言語 Python を用いて心理学実験を行うための方法を解説する．心理学実験に Python を用いる理由はいくつかある．Microsoft Windows(以下 Windows) や MacOS X などの個人向け PC に採用されているオペレーティングシステム (operating system：以下 OS) をはじめとして多様な OS で利用できること，無料で自由に利用できることなどが挙げられるが，最大の理由は心理学実験に活用できるパッケージ群の存在である．パッケージとは，Python に組み込むことによって Python の機能を拡張するものであり，膨大な数のパッケージがインターネット上で公開されている．これらのパッケージを組み合わせることによって，実験刺激の作成や提示，反応計測，データ分析のスクリプト (コンピュータに実行させる一連の処理をプログラミング言語を用いて記述したもの) を作成する労力を大幅に軽減することができる．

このパッケージという仕組みが Python の強みである一方，初めて Python を使う人から見ると「自分が行いたいことを実現するためにどのパッケージをどこから入手して，どのように設定すればよいか」が非常にわかりにくいという弱点でもある．しかし幸いなことに，科学研究に多用されるパッケージを Python 本体とまとめてインストールできる Python(x,y) や Anaconda といったディストリビューションが開発，配布されており，これらを利用するとインストールはかなり容易になる．本書では PsychoPy というパッケージを主に活用するので，PsychoPy を簡単にセットアップできるように作成されたディストリビューションである Standalone PsychoPy を利用する．Standalone PsychoPy 以外のディストリビューションを利用したい方や，Ubuntu などの Linux 系 OS を使用している方は A. 2 節を参考に PsychoPy をインストールしていただきたい．

なお，Python には現在 Python2 系と Python3 系の 2 つのバージョンが使用されているが，PsychoPy パッケージなど Python3 に未対応なので本書では Python2 を使用する．Python2 と Python3 の間には一部互換性がないので，Python2 用に書かれたスクリプトは Python3 で動作しない可能性がある．本書では，各パッケージが将来 Python3 へ移行する可能性を考慮して，できる限り Python3 でも動作するスクリプトを紹介する．Python2 と Python3 の違いの詳細については A. 1 節で述べる．

1. 2 Standalone PsychoPy の準備

1. 2. 1 Standalone PsychoPy のインストール

Standalone PsychoPy は，PsychoPy の web ページ (http://www.psychopy.org/) からダウンロードできる (図 1.1)．Download というリンクをクリックすると，各リリースのダウンロード用ファイル一覧が表示される．StandalonePsychoPy から始まる名前のファイルのうち，ファイル名の最後が-win32.exe となっているものが Windows 用，OSX_64bit.dmg となっているものが MacOS X 用である．使用する PC の OS と一致する方をダウンロードする．共同研究者が使用しているバージョンと同じものを使いたいといった理由がない限り，通常は最新の公式リリース (Latest release) のタグがついているバージョンを選べばよいだろう．本書の執筆時点で最新バージョンは 1.83.04 であり，本書の記述は 1.83.04 に準拠している．

ダウンロードが完了後，Windows の場合はダウンロードしたファイルを実行するとインストーラーが起動する．MacOS X の場合は dmg ファイルを開いて中に入っているファイルをアプリケーションフォルダにコピーすればインストールできる．

なお，大学の計算機センターの Windows PC など，新しいアプリケーションをインストールする権限がない Windows PC には Standalone PsychoPy をインストールできない．このような場合のために，筆者の web ページにて PC にインストールせずに USB メモリなどから起動できる Portable PsychoPy を公開している．こちらを利用する場合の準備は A. 5 節を参照のこと．

Windows に Standalone PsychoPy をインストールした場合は，スタートメニューに PsychoPy2 というグループができていて，その中に PsyhcoPy2 というアイコンがあるはずである．このアイコンを選択すると，PsychoPy が起動する．MacOS X の場合は，アプリケーションフォルダにコピーした PsychoPy2.app をダブルクリックすれば起動する．

PsychoPy には，GUI を用いて実験を作成する Builder と，直接 Python のコードを書いて実験を作成する Coder がある (図 1.2)．スクリーン上に Builder のウィンドウしか表示されていない場合は，Builder ウィンドウ上部のメニューの「ビュー」から「Coder を開く」を選択すると Coder のウィンドウが開く．

Builder は画面上に実験刺激のアイコンなどを並べて実験を作成するアプリケーショ

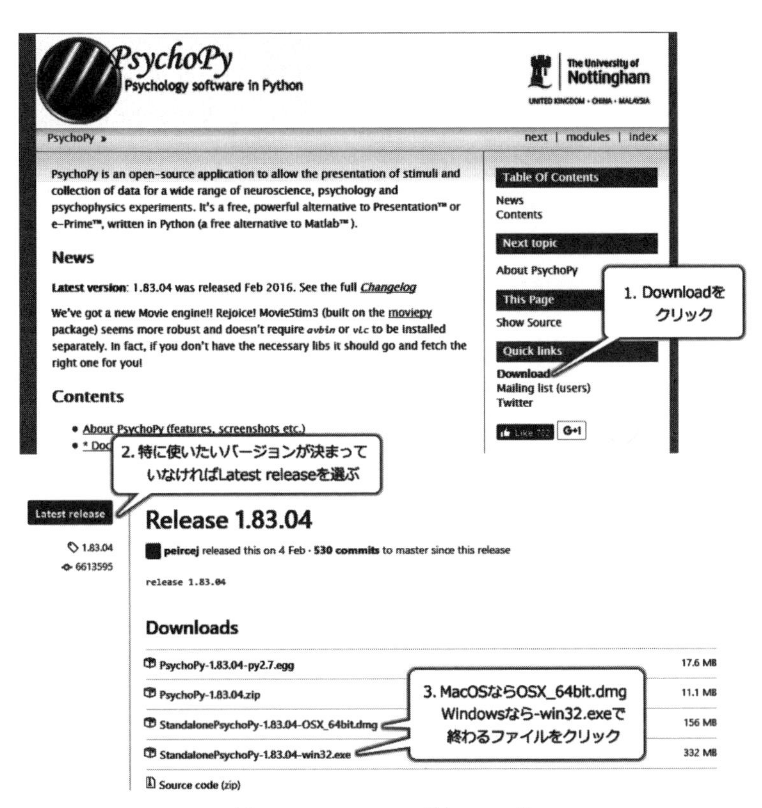

図 1.1 PsychoPy のダウンロード.

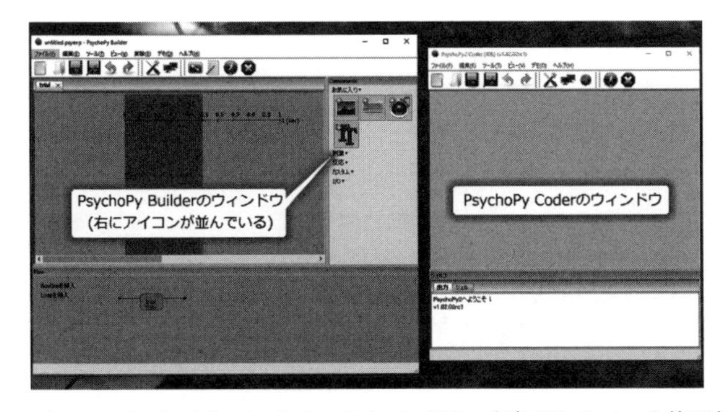

図 1.2 PsychoPy Builder と Coder のウィンドウ．本書では Coder を使用する．

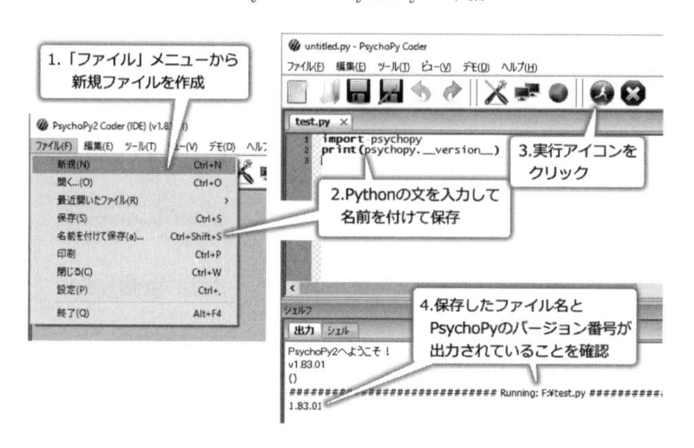

図 1.3　Coder の使い方．コード 1.1 を入力して実行ボタンをクリックすると，ウィンドウ下部の「出力」というタブにバージョン番号が出力される．

ンで，簡単な実験であれば Python を知らない人でも作成することができる．しかし，少し複雑な実験を作成しようとすると，Builder の機能を補う処理を Python を使って記述する必要がある．Coder ではすべての処理を自分で記述する必要があるが，逆に言うと Builder の機能に縛られずすべての処理を自分の思い通りに書ける．本書では Coder を使用して実験を作成する方法を解説する．Builder について詳しく知りたい方は，筆者が web 上で公開している「PsychoPy Builder で作る心理学実験」(http://www.s12600.net/psy/python/ppb/) を参照してほしい．

無事 Coder のウィンドウを開けたら，Coder の使い方を確認しよう．図 1.3 を参考にしながら作業していただきたい．まず，ウィンドウ上部の「ファイル」から「新規」を選んで新しくファイルを作成し，キーボードを使ってコード 1.1 のように入力する．ピリオドや version の前後のアンダースコア (_) もすべて意味があるのでこの通り入力すること．

入力を終えたら「ファイル」メニューから「名前を付けて保存」を選んで入力内容を保存する．図 1.3 の例では test.py という名前で保存している．通常，Python スクリプトにはファイル名の末尾に.py を付けるので，以後サンプルコードを保存する際にはこの習慣に従うことを勧める．保存したら，ウィンドウ上部の実行ボタン (人が走っている絵の緑色のボタン) をクリックする．ウィンドウ下部の「出力」というタブに図 1.3 のように保存したファイル名と PsychoPy のバージョン番号が出力されれば成功である．なお，実行後には拡張子.pyc のファイルが作成されているが，これは Coder が.py ファイルを実行する時に毎回自動的に作成するので実行終了後は削除して構わない．

コード 1.1 動作確認用のコード

```
1 import psychopy
2 print(psychopy.__version__)
```

このように，ウィンドウ上部に Python の文を入力してファイルに保存し，実行ボタンを押すことでファイルの内容を実行するのが Coder の基本的な使い方だ．以上の手順で作成したファイルは通常のテキストファイルであり，愛用しているテキストエディタがある人は，そちらでファイルを作成して Coder の「ファイル」メニューの「開く」から読み込んで実行することもできる．

1.2.2 モニターの設定

続いて，視覚刺激提示に使用するモニターの設定をしておこう．PsychoPy では視覚刺激の大きさや位置を cm や視角などの単位で指定できる．この機能を利用するためには，事前に刺激提示に用いるモニターの寸法と観察距離などを測って「モニターのプロファイル」を作成しておく必要がある．図 1.4 を参考にしながら作業していただきたい．

まず「ツール」メニューから「モニターセンター」を選択すると図 1.4 右のようなダイアログ (モニターセンター) が開く．モニターセンターの左上にモニター一覧があり，その右にある「新規...」というボタンをクリックすると刺激提示に用いるモニターを新たに登録できる．本書では defaultMonitor という名前のモニタープロファイルを登録しておくことにする．名前を入力して OK ボタンをクリックし，モニターセンター左下のモニター情報を入力する．実験に使用するモニターまでの観察距離，スクリーンの解像度，横幅を入力したら「保存」をクリックする．保存したらモニターセンターを閉じて作業完了である．

「自分のノート PC で刺激を作成して，実験室の PC で本番の実験を行う」といった場合には，それぞれのモニターのプロファイルを作成しておくと，必要に応じて切り替えられるので便利である．

以上で Standalone PsychoPy の準備ができた．次項では，本題に入る前に Python の基本的かつ重要な機能である `print()` と `help()` を PsychoPy で使用する際の注意点について述べる．

1.2.3 `print()` と `help()` を使用する際の注意点

前項のコード 1.1 を実行すると，Coder ウィンドウ下部の「出力」というタブにバージョン番号が表示された．これはコード 1.1 の 2 行目で用いられている `print()` という関数の機能である．関数とは一連の処理を行うコードをまとめたものである．プログラミング初学者は，数学で習った「$f(x) = 3x + 2$ の時，$f(3)$ の値を求め

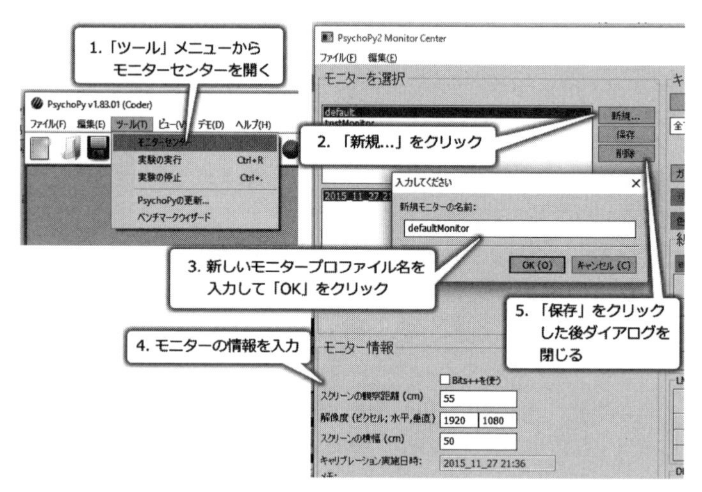

図 1.4　モニターセンターに使用するモニターのプロファイルを登録する.

よ」といった問題を思い出してほしい．これを「$f()$ に x という値を渡すと $3x+2$ を計算した結果が返ってくる」と言い換えたものが，プログラミング言語における関数だと思えばよい．x を関数 f の引数，計算結果を f の戻り値と呼ぶ．1.1 の 2 行目の print(psychopy.__version__) では psychopy.__version__が引数であり，print() は引数の内容を「出力」タブに出力する．

pirnt() は便利な機能なのだが，Standalone PsychoPy 上で日本語の文字を print() で出力しようとすると，以下のようなエラーが「出力」タブに表示されてプログラムが停止してしまう [*1)]．

```
Traceback (most recent call last):
  #(長いので中略)
  File "G:\python\lib\site-packages\wx-2.8-msw-unicode\wx\richtext.py
     ", line 2516, in WriteText
    return _richtext.RichTextCtrl_WriteText(*args, **kwargs)
UnicodeDecodeError: 'cp932' codec can't decode bytes in position
     11-12: illegal multibyte sequence
```

これは Coder の「出力」タブが日本語の文字列 (正確には Unicode 文字列) の出力に対応していないために生じるのだが，エラーメッセージにはエラーのきっかけとなった print() 文ではない行が表示されるため，どこでエラーが生じたのか非常にわかりにくい．したがって，本書ではサンプルコードの動作確認のために数値やアクセント記号がついていない半角アルファベットなどの文字 (正確には ASCII 文字) を出

*1)　OS によってエラーメッセージが異なる．例は日本語版 Windows10 で実行した時のものである．

力する場合に限って print() を使用する．実験データの入力など，読者が将来本書のサンプルコードをもとに自分のスクリプトを書く際に Unicode 文字を出力する可能性があると思われる箇所では，print() を使用せずテキストファイルに出力する．

pirnt() に加えて，もうひとつ PsychoPy 上での使用に注意が必要なものとして help() が挙げられる．help() はヘルプを表示する関数で，例えば print() について調べたければ help('print') と書く *2)．Coder ウィンドウ下部には「出力」タブと並んで「シェル」というタブがあり，これをクリックすると Python インタプリタを使用できる．ここに help('print') と入力すると，print() のヘルプが表示されるので試してみてほしい．非常に便利な機能なのだが，「シェル」タブを使用すると PsychoPy の動作自体が不安定になることがあるため *3)，あまりおすすめできない．Windows であればコマンドプロンプト，MacOS X や Linux 系 OS であればターミナルから python と入力して Python インタプリタを起動して，そちらで help() を使用する方がよいだろう．

1.3 Python の基礎

本節では，第 2 章以降を読み進めるための最低限必要な Python の基礎を解説する．しかしながら，Python の予備知識をまったく持たない方がこの節の解説だけで十分に理解するのは困難だと思われるので，Python の入門書等を併用してほしい．いきなりすべて理解しようとせず，とりあえず一通り目を通して次章に進み，理解できない点があったら本節へ戻って読み返すことを勧める．

1.3.1 変数とデータ型

心理学実験では，刺激図形の長さや，提示する単語などを変更しながら同じ手続きを繰り返すことが多い．このように次々と変更される値を Python で表現するには，変数を用いる．x = 5 と書くと，x という名前の変数に 5 という値を代入できる．代入後は，式の中に x が出てくると 5 という値として計算される． + を使うと数値同士の足し算ができるので (次項で詳しく述べる)，y = x+7 と書くと変数 y には 5+7 を計算した結果である 12 が代入される．Python のスクリプトでは，以下のように複数行にわたって式を書くと，1 行目から順番に処理が行われていく．1 行目でまず x に 5 が代入され，続いて 2 行目が評価されて y に 12 が格納される．1 行目を実行せ

---

*2) Python3 であれば help(print) と書けるが，Python2 では print は文なので ' または " で囲む必要がある．

*3) すでに import 済みの PsychoPy モジュールを「シェル」タブ内で再び import してしまった場合などに問題が生じやすい．

表 1.1 Python の基本的なデータ型

	データ型	変換関数	説明
数値	整数	int	整数．`1`，`0`，`-5` など．
	浮動小数点数	float	小数．`1.745` など．`7.2e-3` と書くと 7.2×10^{-3} を表す．
シーケンス	文字列		文字を並べたもの．`'psychology'`，`'2016/05/18'`，`''`(空の文字列) など．漢字などの文字は Python2 と 3 で扱いが異なる．
	タプル	tuple	データをカンマ区切りで並べて () で囲んだもの．`(-1, 1)`，`('weight', 53.2)` など．
	リスト	list	データをカンマ区切りで並べて [] で囲んだもの．`[-1, 1]`，`['weight', 53.2]` など．
マップ	辞書		キーと呼ばれるデータからそれに対応するデータを取り出せるもの．`{'height':153, 'weight':52}`など．
その他	真偽値	bool	論理式の真偽を表すもの．`True` または `False`．
	None		値がないことを表すもの．

ずに 2 行目をいきなり書くと，「x という名前は定義されていません」(NameError: name 'x' is not defined) というエラーメッセージが出てスクリプトの実行は停止してしまう．

```
1 x = 5
2 y = x+7
```

変数名は，最初の文字が半角英文字 (A-Z，a-z) またはアンダーバー (_) で，2 文字目以降はこれらの文字または半角数字でなければならない [*4]．かな文字や漢字などは使用できない．大文字と小文字は区別されるので，X と x は別の変数である．

すでに値が代入された変数に新たな値を代入すると，変数は新たな値に更新される．したがって，プログラミング言語に慣れていない方には一見奇妙に思われるかもしれないが，以下の 2 行目の式は正しい式である．1 行目で x の値が 5 となり，2 行目で x+7，つまり 5+7 を計算した結果が x に格納される．結果として，2 行目を計算し終えた後の x の値は 12 である．

```
1 x = 5
2 x = x+7
```

変数には，数値以外にも様々なデータを格納できる．データには型があり，型によって行える計算が異なる．表 1.1 に Python の基本的なデータ型を示す．

「数値」は整数と浮動小数点数が区別される．浮動小数点数とはコンピューターで小数を表現する方法の一種だが，Python での心理学実験プログラミングでは浮動小数

[*4] ただし _ から始まる変数名は特別な意味を持つので，1 文字目に _ を使用しない方がよい．

点数以外の小数を使うことはまずないので小数のことだと考えてよい [*5]．Python2 と 3 で整数の除算の結果が異なるが (A.1 節参照)，本書で示すコードはどちらで実行しても同じ結果になるように配慮している．表 1.1 の変換関数という列に書かれている関数を用いると，データ型の変換ができる．例えば `int()` を用いると，浮動小数点数を整数に変換できる (小数点以下は切り捨てられる)．逆に `float()` を用いると整数型を浮動小数点数に変換できる．

「シーケンス」とは，複数の値が並んでいて順番に値を取り出すことができるデータ型の総称である．文字列は，文字を並べたものである．`"psychology"` や `'psychology'` のように，ダブルクォーテーションまたはシングルクォーテーションで囲んで記述する．`""`または`''` とすると 1 文字もない「空文字列」となる．かな文字や漢字なども使用できるが，Python2 と 3 で扱いが異なる．本書で示すコードはどちらで実行しても同じ結果になるように配慮されているが，完全に一致させることは難しい (A.1 節参照)．文字列は一度作成すると，その文字の一部分を変更することはできない．C 言語などのように文字列を作成後に変更できる言語に慣れている人は注意する必要がある．

タプルは複数のデータを並べて `()` でひとまとめにしたもので，C 言語の配列や Matlab の行列と異なり，数値でも文字列でも格納することができる．ここではひとまず `('Taro', 22, 'Male')` のように参加者の情報をまとめて 1 つの変数に代入しておきたい場合などに便利なものだと理解しておけばよい．タプルの要素としてタプルや次に述べるリストを入れ子にすることもできる．タプルは一度作成すると，要素の値を変更することはできないので，他言語での要素を変更可能な配列などに慣れている人は注意すること．

リストは `()` の代わりに `[]` でデータをまとめるという点を除いてタプルと非常によく似ているが，後からリスト内の要素の値を変更することができる点が異なる．違いがそれだけならば全部リストにすればよいと思われるかもしれないが，タプルでなければ使えないテクニックがあるのでタプルも覚えておく必要がある [*6]．

文字列やリストは `tuple()` でタプルに変換することができる．同様に，文字列やタプルは `list()` でリストに変換できる．表 1.1 では文字列への変換関数が空欄となっているが，文字列への変換には Python2 と 3 の互換性の問題があるため，1.3.5 項 (p.16) で詳しく取り上げる．

シーケンスに属するデータは，インデックスと呼ばれる値を指定して要素を取り出すことができる．インデックスは `[]` で囲んで記述し，0 が最初の要素を表す．例えば

[*5] 小数点以下の値を表すために使う桁数を固定せず，指数表現を用いて小数を表すのでこのように呼ばれる．

[*6] 値の変更がないのであればタプルの方が効率がよいというメリットがある．

p = [4,3] と代入した時，p[0] は 4，p[1] は 3 である．s = 'psychology' ならば s[3] は'c' である．インデックスとして負の値が指定されると，末尾の要素を −1 として末尾から順に数える．

Matlab のように最初の要素のインデックスが 1 である言語から移行する人は，間違えやすいので注意が必要である．また，Matlab や Visual Basic のようにインデックスを () で囲む言語から移行する方も注意してほしい．

x[i:j] という形で [] 内に:で区切って 2 個のインデックスを書くと，x のインデックス i から j-1 までの要素を取り出すことができる．この演算をスライスと呼ぶ．データ型は元の x と同一である．i が省略された場合はシーケンスの先頭が，j が省略された場合は末尾が指定されたと解釈される．x[i:j:k] と 3 個の整数を並べると，k は抽出の際のインデックスの増分と解釈される．すなわち，x[1:8:3] はインデックス 1，4，7 の要素を抽出したリストとなる．

なお，Matlab にも Python のスライスと同様の演算機能があるが，取り出し範囲の終点の解釈が異なるので，Matlab に習熟している人は注意する必要がある．

p=[[1,2],[3,4]] というようにシーケンスの要素がシーケンスとなっている場合，p[0] は [1,2] である．p[0] のインデックス 1 の要素を取り出したい場合は p[0][1] という具合に [] を続けて書く．

タプルや文字列は変更不可だが，リストは値を変更できるので p[0] = -5 のように代入することが可能である．多くのプログラミング言語では文字列の一部を変更可能なので，恐らく他のプログラミング言語の使用経験がある人は「文字列を変更することができない」という Python の仕様に戸惑うだろう．Python で文字列の一部を変更したい場合は，スライスと 1.3.2 項の演算子を用いて文字列をつなぎ合わせるか，1.3.5 項の format() を使うなどして新たな文字列として作成する必要がある．

= の左辺にカンマ区切りで変数を列挙し，右辺にシーケンスを書くと，シーケンスの各要素を左辺の各変数に分割して代入することができる．以下の例では x に 10.0，y に −7.5，z に 0.0 が代入される．ただし，左辺に列挙した変数の個数と右辺のシーケンスの要素数は一致していなければならない．

```
x, y, z = (10.0, -7.5, 0.0)
```

「マップ」のカテゴリに属する基本的なデータ型は辞書のみである．辞書とは，英和辞典で “psychology” を引くと「心理学」が得られるように，ある値に対して別の値を対応付けるものである．他のプログラミング言語では連想配列，ハッシュと呼ばれることもある．辞書の見出し語にあたるものをキーと呼ぶ．d = {'height':153, 'weight':52} のように，キーと対応付ける値を:で区切ったペアをカンマ区切りで並べて{}で囲って定義する．値を取り出す時は [] 内にキーを指定する．この例では d['height'] とす

表 1.2 基本的な演算子

a+b	a 足す b	a-b	a 引く b	a*b	a かける b		
a/b	a 割る b	-a	a の符号反転	a%b	a 割る b の余り		
a**b	a の b 乗	a//b	a 割る b(小数点以下切り捨て)				

ると 153 が得られる．

以上が基本的なデータ型だが，ついでに真偽値および None という定数も紹介しておく．真偽値は bool 型とも呼ばれ，True または False のいずれかの値をとる．None は値が存在しないことを表す．具体例についてはその都度解説する．

1.3.2 演 算 子

数値同士の演算については，表 1.2 の演算子を用いることができる．1 つの式に複数の演算子が用いられている場合，表 1.2 の中では ** が優先的に計算され，続いて符号を反転させる - ，乗除算に対応するグループである * ，/，%，//が計算される．そして最後に加減算に対応するグループである + と - が計算される．同一グループ内の演算子は式の左から順に評価される．優先順を変更するには (x+y)*10 のように優先したい計算を () で囲む．

表 1.2 の演算子のうち，符号反転の - を除く演算子については，= と組み合わせて x+=7 と書くことができる．これは x = x+7 の短縮形である．変数名が非常に長い時などに便利である．

表 1.2 の演算子のうち，+ と * はシーケンスにも使用できる．シーケンスに使用した場合，+ は結合，* は繰り返しとなる．例えば ('a','b')+(1,2) は ('a','b',1,2) である．('a','b')*3 は ('a','b') を 3 回繰り返した ('a','b','a','b','a','b') である．文字列もシーケンスなので，'psycho'+'physics' は 'psychophysics' となる．'A'*3 は'AAA' である．

前項で Python の文字列は一部分だけを変更することができないと述べたが，シーケンスと + 演算子を用いると以下のように一部分を変更した新しい文字列を作ることができる．以下の例では，変数 s に格納された文字列中の space (7 文字目から 11 文字目) を escape に変更して，その結果を s に格納し直している．

```
s = 'Press space key'
s = s[:6] + 'escape' + s[11:]
```

表 1.3 は，データを比較する比較演算子と，論理演算を行う論理演算子をまとめたものである．比較演算子は結果を True または False で返す．a>b のような式を「計算する」と呼ぶのは奇妙なので，本書ではこれ以後式を「評価する」と表記する．Python では，複数の比較演算子を連ねて書くことができる．例えば -1 <= x <= 1 と書くと，x が −1 以上 1 以下の時に True となる．「a と b は等しい」か否か評価しようと

表 1.3 比較演算子と論理演算子

比較演算子			
a > b	a は b より大きい.	a < b	a は b より小さい.
a >= b	a は b 以上.	a <= b	a は b 以下.
a == b	a と b は等しい.	a != b	a と b は等しくない.
a is b	a と b は同一である.	a is not b	a と b は同一ではない.
論理演算子			
a and b	a と b 共に True であれば True，それ以外は False.		
a or b	a と b の一方が True であれば True，それ以外は False.		
not a	a の真偽値を反転する.		

して a = b と書いてしまう誤りは非常に多いので注意すること．a == b と書くのが正解である．

比較演算子がシーケンスに用いられた場合は，先頭から順番に要素を取り出し，最初に見つかった異なる値について判定する．異なる値が見つかる前に一方のシーケンスの要素がなくなった場合は，要素が多い方が大きいと判定される．文字列の場合は，辞書順で前の方ほど小さいと判定される．ただし，大文字と小文字では大文字の方が小さいと判定される．'apple' > 'ball' は apple の方が辞書順で前なので False だが，'apple' > 'Ball' の場合は小文字の 'a' より大文字の 'B' の方が小さいと判定されるので True となる．

a == b と a is b の違いは，浮動小数点数の 1.0 と整数の 1 を比較する例を考えるとわかりやすい．1.0 と 1 は値としては等しいので，1.0 == 1 は True である．しかし，Python の内部ではそれぞれ異なるデータ型なので同一ではない．したがって 1.0 is 1 は False である．変数に格納されている値が None であるかを確認する場合は a == None ではなく a is None と書くことが推奨されている．

論理演算子は，真偽値に対する演算子である．and は論理積，or は論理和である．x-100 > 0 and y != 0 のように，比較演算子と併用することが多い．演算子の優先順位は表 1.2 の演算子が高く，続いて比較演算子，論理演算子の順である．比較演算子の間には優先順位はなく，式の左側から順番に評価される．論理演算子の間では not の優先順位が最も高く，続いて and である．or の優先順位が最も低い．

最後に，右辺がシーケンスまたは辞書である時に有効な in 演算子を紹介する．シーケンス b に a が含まれている時，a in b は True となる．ただし，シーケンスの要素がまたシーケンスであった時に，その内側まで探索しない．したがって p = [[1,2],3] の時に 3 in p は True だが，1 in p は False である．b が辞書であった場合，b のキーに a が含まれていれば a in b は True となる．

1.3.3 関　　　数

1.2.3項で print() の解説をした際に述べた通り，関数とは引数を与えて実行すると処理が行われて戻り値が得られるものである．だが，Python の関数は引数や戻り値を持たずに一定の処理だけを行う「手続き (procedure)」を含んだ一般的な概念である．例えば print() は「文字を出力する」という処理を行って，戻り値を返さない．

Python の関数には，引数が省略できるものがある．例えば Python からファイルを読み書きできるように準備する (この操作は「ファイルを開く」と呼ばれる) open() という関数がある．help(open) でヘルプを確認すると，冒頭に以下のように出力される．

コード 1.2 help(open) の出力の冒頭部

```
1 Help on built-in function open in module __builtin__:
2
3 open(...)
4     open(name[, mode[, buffering]]) -> file object
```

4行目の open() の中に name，mode，buffering という3つの単語が書かれている．これは open() が name，mode，buffering という3つの変数を持つということを意味している．順番に「ファイル名を示す文字列」,「読み込み専用，書き込み用などのモードを指定する文字列」,「バッファ」を指定する．これらの意味はヘルプの読み方と直接関係がないのでひとまず置いておく．

さて，4行目をよく見ると，[] で buffering が囲まれていて，さらにその外側から mode と buffering がまとめて [] で囲まれている．この [] はその中に囲まれた引数が省略可能であることを示している．具体例を挙げると，open() は以下の例の1行目のように3つの引数を指定して呼び出す関数なのだが，2行目や3行目のように呼び出すことができる．2行目の書き方ができるのは，コード1.2の4行目において buffering だけをを囲む [] があるからである．3行目の書き方ができるのは，コード1.2の4行目において mode と buffering をまとめて囲む [] があるからである．name は [] で囲まれていないため省略できない．

コード 1.3 open() の呼び出し例 (1)

```
1 fp = open('data.txt', 'w', 1)
2 fp = open('data.txt', 'w')
3 fp = open('data.txt')
```

引数を省略した場合は，各関数で定められた標準の値 (デフォルト値) が指定されたとして解釈される．次章以降では，このデフォルト値を多用する．

open() の呼び出しにおいて，コード1.3の書き方では mode を省略して buffering を指定することはできない．mode を指定して buffering を省略したケースと区別できないためである．このような時は，以下の例の1行目のように引数名を指定して引数を渡すことができる．引数名を使えば，2 行目のように引数の順番を入れ替えて渡すことも可能である．ただし，このキーワード引数は必ず名前なしで指定されている引数の後ろに書かなければならない．このキーワード引数も次章以降で多用する．

コード 1.4 open() の呼び出し例 (2)

```
1 fp = open('data.txt', buffering=1)
2 fp = open('data.txt', buffering=1, mode='w')
```

なお，help(open) の出力 (コード 1.2) の 4 行目の最後に -> file object と書かれているのは，関数の戻り値が file object であること示している．関数が戻り値を持つ場合は，コード 1.3 および 1.4 で示すように=を使って戻り値を変数に代入できる．また，演算子を適用することも可能である．戻り値を持たない関数を=の右辺に置いた場合，左辺の変数には「値がない」ことを示す None が代入される．

多数の引数がある時，シーケンスや辞書を引数として使用することが可能である．引数に * 付きのシーケンスを指定すると，シーケンスの内容が引数に展開される．コード 1.5 の例では，2 行目の open(*params) は open('data.txt', 'w') に展開される．

コード 1.5 引数の展開 (1)

```
1 params = ['data.txt', 'w']
2 fp = open(*params)
```

キーワード引数に展開したい場合は辞書を用いる．辞書を展開する時には ** を付ける．コード 1.6 の例では，2 行目の open(**params) は open(name='data.txt', mode='w') に展開される．

コード 1.6 引数の展開 (2)

```
1 params = {'name':'data.txt', 'mode':'w'}
2 fp = open(**params)
```

1.3.4 オブジェクトとクラス

前項の open() のヘルプにおいて，戻り値として示されていた file object とは何だろうか．例えば実験結果が保存された data.txt というファイルを Python のプログラムで処理して結果を output.txt というファイルに出力したいとする．このようにひとつのプログラムの中で複数のファイルを操作しなければならない場合，ファイル毎に読み込み専用，書き込み用といった「属性」を設定できると「データが保存された data.txt を上書きしてしまう」などの誤りが生じにくくなって便利である．また，ファイルからデータを読み込んだり書き込んだりする関数も，どのファイルに対してその「操作」を行おうとしているのかをわかりやすく表記できることが望ましい．このような「属性」や「操作」をひとまとめにしたものをオブジェクトと呼ぶ．また，「属性」のことをデータ属性，「操作」のことをメソッドと呼ぶ．

open() の戻り値の file object とは，ファイルを操作するための file オブジェクトである．file オブジェクトには name と mode というデータ属性があり，それぞれファイルを開いた時に指定したファイル名とモードを保持している．変数 fp に file オブジェクトが代入されている時，これらの属性にアクセスするにはドット (.) を用いる．コード 1.7 の例において，4 行目のように書くと'data.txt'，5 行目のように書くと'output.txt' が得られる [*7]．

コード 1.7 データ属性へのアクセスおよびメソッドの呼び出し

```
1 data_file = open('data.txt','r')
2 output_file = open('output.txt','w')
3 
4 data_file.name
5 output_file.name
6 
7 data = data_file.read()
8 output_file.write('result')
```

メソッドは，関数のように引数と戻り値を持つ．コード 1.7 の 7 行目のように書くと，data_file の read() メソッドが実行される．通常の関数と同様に戻り値を = を使って変数に代入したり，演算子を適用したりすることができる．8 行目は output_file の write() メソッドを実行する例である．file オブジェクトを格納する変数名にさえ気を付ければ，どちらのファイルを操作しようとしているかを容易に判断することができる．

オブジェクトがどのようなデータ属性やクラスを持つかを定めた雛型をクラスと呼ぶ．Python ではクラス自体もオブジェクトであり，クラスに従って作成された個々のオブジェクトをそのクラスのインスタンスと呼ぶ．ここで例に取り上げた file オブジェクトは open() という関数で作成したが，一般的にあるクラスのインスタンスを作成するには，クラス名と同一の関数を用いる．インスタンスを作成する関数をコンストラクタと呼ぶ．

データ属性やメソッドの呼び出しが連続する場合は，左側から順番に解釈される．以下の例の 1 行目では foo のデータ属性 bar のメソッド baz() が呼び出されている．2 行目は foo のメソッド bar() の戻り値がオブジェクトで，そのオブジェクトのデータ属性 baz が参照されている．3 行目は foo のメソッド bar() の戻り値のメソッド baz() が呼び出されている．

```
1 foo.bar.baz()
2 foo.bar().baz
3 foo.bar().baz()
```

---

*7) コード 1.7 の 1 行目はカレントディレクトリ (1.3.11 項) に data.txt というファイルが存在しなければエラーとなるので注意．

1.3.5 文字列型へのデータの埋め込み

Python の文字列はオブジェクトであり，多数のメソッドを持つ．本書ではデータを文字列に変換するために文字列オブジェクトの `format()` というメソッドを多用するので，簡単に解説しておく． `format()` は可変長の (=個数が固定されていない) 引数を持ち，呼び出した文字列に含まれる `{}` の位置に順番に引数を文字列に変換して埋め込む．

具体例をコード 1.8 に示す．1 行目から 3 行目で準備した変数を，4 行目で文字列に埋め込んでいる．埋め込み先の文字列には `{}` が 4 個あり，`format()` の引数も 4 個ある．引数の値が順番に `{}` に埋め込まれ，`'Trial17: right, left, False'` という文字列となる．4 番目の引数のように式が引数として与えられた場合は，式を評価した結果が埋め込まれることに注意すること．`format()` の引数の個数と埋め込み先文字列の `{}` の個数は一致していなければならない．

コード 1.8 format() による文字列への埋め込み (1)

```
1 trial_no = 17
2 target = 'right'
3 choice = 'left'
4 'Trial{}:{},{},{}'.format(trial_no, target, choice, target==choice)
```

`format()` 文は非常に多機能なので詳細は Python の入門書を参照していただきたいが，本書で使用するものについてのみここで紹介する．まず，キーワード引数を使用すると，任意の順番で埋め込むことが可能となる．コード 1.9 の 1 行目では，引数 `name` は `{name}`，`age` は `{age}` に埋め込まれるので結果は `'Name:Taro Age:22'` となる．

コード 1.9 format() による文字列への埋め込み (2)

```
1 'Name:{name} Age:{age}'.format(age=22, name='Taro')
```

`'{}'.format(22.0/7.0)` のように浮動小数点数を埋め込むと `'3.14285714286'` のように小数点以下かなりの桁まで出力されるが，心理実験の反応時間を出力する場合はこれほどの桁数は不要である．浮動小数点数の小数点以下の桁数を指定するには，`{:.1f}` のように．の後に桁数を書いて `f` を付ける．先頭の `:` はコード 1.9 のキーワード引数の指定などと区切るためのものである．コード 1.10 に例を示す．3 行目と 4 行目はどちらも `'Mean: 227.5, SD: 31.1'` となる．4 行目を見ると桁数指定の際に `:` が必要であることが理解いただけると思う．

コード 1.10 format() による文字列への埋め込み (3)

```
1 m = 227.54895
2 s = 31.11845
3 'Mean: {:.1f}, SD: {:.1f}'.format(m, s)
4 'Mean: {mean:.1f}, SD: {sd:.1f}'.format(sd=s, mean=m)
```

なお，C言語風に %d, %f, %s といった書式指定子を用いることもできるが，Python3では将来的にこの方法は廃止することが検討されている．この方法を使う場合は文字列の後ろに%演算子を使って埋め込む変数を並べたタプルを置く*8)．例えばコード1.10と同等の出力を得る場合は，'Mean:%.1f, SD:%.1f' % (m, s) と書く．

1.3.6 モジュール

よく使うコードをひとつのファイルにまとめておき，必要時に読み込んで使用できるようにしたものをモジュールと呼ぶ．PsychoPyなどのパッケージは多数のモジュールをまとめたものである．モジュールを読み込むには import 文を用いる．コード1.11は三角関数や指数関数といった数学関数や円周率などの定数を定義した math というモジュールを読み込む例を示している．1行目の import math で math モジュールを読み込んだ後は，モジュール内で定義されている正弦関数 sin(x) や円周率 pi を2行目のようにモジュール名とドットを前に付けることによって利用できる．

コード 1.11　モジュールの import

```
1 import math
2 y = math.sin(math.pi/4.0)
```

大規模なパッケージでは，パッケージの中にサブパッケージがあって，その中にモジュールがあるといった階層構造になっている．例えばPsychoPyのパッケージ名は psychopy であり，その中に monitors というサブパッケージがある．monitors に含まれる calibTools というモジュールを読み込みたい場合は，コード1.12の1行目のように階層構造の上位から順番にドット区切りで列挙する．calibTools に含まれる findPR650() という関数を使用したい場合は2行目のように階層構造をすべて書かなければならない．階層構造が深い場合に不便なので，Pythonでは from というキーワードを用いて4行目のようにimportする方法も提供されている．4行目のように calibTools を import すると，psychopy.monitors を省略して calibTools と書けるので，findPR650() の呼び出しは5行目のように短縮できる．また，7行目のように as というキーワードを用いると，calibTools モジュールを cal という名前で使用できる．この場合 findPR650() は8行目のように呼び出すことができる．

コード 1.12　階層的なモジュールの import および from と as の用法

```
1 import psychopy.monitors.calibTools
2 p = psychopy.monitors.calibTools.findPR650()
3
4 from psychopy.monitors import calibTools
5 p = calibTools.findPR650()
6
```

---

*8) これは1.3.1で触れた「タプルでなければ使えないテクニック」の一例である．

```
7 import psychoyp.monitors.calibTools as cal
8 p = cal.findPR650()
```

from を用いた読み込みは便利だが，どのパッケージから読みだしたモジュールを使用しているかが判読しにくくなるという欠点がある．特に，異なるパッケージに同一名のモジュールがある場合は危険である．そのため，本書では from を用いた import を原則として使用しない．ただし，Python2 と 3 の互換性を高めるための __future__ パッケージからの import は from を使うことが慣例となっているのでそれに従う．同様に as も，慣例的に as が使われる一部のパッケージを除いて本書では使用しない．

なお，正確さを期するのであれば，このような階層的なモジュール内で定義されているクラスについて述べる際には階層構造を明記すべきである．しかし，階層構造を明記すると読みにくくなることも事実である．例えば次章では psychopy.visual.window.Window というクラスのオブジェクトが頻出するが，これを毎回正確に書くと非常に読みづらい．そこで，誤解が生じやすいと思われる場合を除いて単に Window オブジェクトと表記する．モジュール内で定義されている関数 (例えば先ほどの psychopy.monitors.calibTools.findPR650()) なども同様に適宜 findPR650() と省略する．

1.3.7 制 御 文

1.3.1 項で述べたように，Python はスクリプトを 1 行目から順番に実行する．制御文はこの流れを変更するものである．本項では while 文，for 文，if 文のみを解説する．

while 文は，指定された条件が満たされている限り後続の文を繰り返す．コード 1.13 に例を示す．本項のコードでは print() を使用するが，PsychoPy Coder の「出力」ウィンドウで正常に出力される値のみを使用しているので問題なく実行できる．

コード 1.13 while 文

```
1 x = 1
2 y = 0
3 while x<=10:
4     y += x
5     x += 1
6 print(x,y)
```

3 行目からが while 文である．while の後に条件式 (評価結果が真偽値となる式) を書く．条件式の後に : を置き，続けて繰り返す文を書く．3 行目では x<=10 が条件式である．条件式の後に : が置かれており，ここで 3 行目は改行されている．このように : の後に改行された場合，後続の字下げされている行が繰り返しの対象となる．コード 1.13 では 4〜5 行目が字下げされているので，4〜5 行目が繰り返しの対象である．

字下げは半角スペース4個とすることが推奨されているので，本書でもそれに従う．

多くのプログラミング言語では，{} などの記号や end などのキーワードを用いて繰り返し範囲を示すので，他のプログラミング言語から移行する人は最初戸惑うかも知れない．字下げによって範囲を指定するのは Python の文法の大きな特徴である．

以上を踏まえてコード 1.13 の動作を確認する．最初に 3 行目に到達した時点で x は 1 なので，条件式 x<=10 は True である．したがって，4 行目で y に x を加算して，5 行目で x に 1 を加算する．6 行目は字下げされていないので，3 行目に戻って処理を繰り返す．5 行目の式で x が 11 になった後，3 行目に戻った時点で x<=10 が False となるので，字下げされていない 6 行目へ処理が進む．結果として，6 行目の print() で 11 55 と出力される．

for 文は，シーケンスから 1 つずつ要素を取り出して変数に代入しながら，すべての要素に対して処理を繰り返す．コード 1.14 に例を示す．

コード 1.14 for 文

```
1 participants = [['Taro',21],['Hanako',22],['Jiro',22]]
2 for p in participants:
3     print('Name:{}, Age:{}'.format(*p))
```

1 行目で「実験参加者の名前と年齢をまとめたリスト」を 3 人分まとめたリストを作成して participants に代入している．2 行目からが for 文である．for に続いて取り出した要素の代入先の変数を書き，続いて in というキーワードを書く．in の後ろには，要素の取り出し元のシーケンスを書く．ここでは p が代入先の変数であり，participants が取り出し元のシーケンスである．その後は while 文と同様に : を置いて繰り返し実行する文を書く．この例では 3 行目のみが繰り返しの対象である．

コード 1.14 を実行すると，participants の最初の要素である ['Taro',21] が取り出されて p に代入される．3 行目で p が format() と print() を用いて出力される．3 行目が最後の行なので，2 行目に戻って処理が繰り返される．最後の要素である ['Jiro',22] を取り出して 3 行目を実行した後，2 行目に戻ってきた時点で取り出せる値が残っていないので for 文は終了する．得られる出力は以下の通りである．

```
Name:Taro, Age:21
Name:Hanako, Age:22
Name:Jiro, Age:22
```

他のプログラミング言語においては，for 文は for x in 1 to 5 とすると x が 1 から 5 まで 1 ずつ増加しながら繰り返すといった具合に，変数の値を一定値だけ増減させながら繰り返すという動作をする場合がある．Python の for 文をこのような用途に用いる場合は，range() という関数を併用すると便利である．range() は 1 個から 3 個の整数を引数にとり，range(n) では 0 から $n-1$ までの (n 個の) 整数を並べた

リストが得られる [*9]．range(m,n) であれば m から n − 1 まで，range(m,n,s) であれば m から n を超えない範囲で s ずつ増加するリストが得られる．if 文と range() の併用例をコード 1.15 に示す．2 個以上引数がある場合の「n を超えない範囲で」という点に注意すると，2 行目は 5 まで，3 行目は 8 までとなることが理解いただけると思う．4 行目は第 3 引数に負の値を指定することで値が減少するリストを作成しているが，この場合「n を超えない」は n より大きい値から n 以下の値にならない，という意味となり 1 で終了する．range() は非常によく用いられる関数なので覚えておくこと．

コード 1.15　for 文と range() の併用

```
for x in range(10): print(x)       # 0から 9まで
for x in range(-5,6): print(x)     # -5から 5まで
for x in range(0,10,2): print(x)   # 0から 8まで
for x in range(10,0,-1): print(x)  # 10から 1まで
```

この range() と，シーケンスの要素数を返す関数 len() を組み合わせると，コード 1.14 の for 文と同等の処理を以下のように書くことができる．他のプログラミング言語で「for 文で変数 i を 1 ずつ増加させながら配列の各要素を処理する」という書き方に慣れている人には，こちらの方が馴染みやすいかもしれない．

コード 1.16　for 文と range()，len() の併用

```
participants = [['Taro',21],['Hanako',22],['Jiro',22]]
for i in range(len(participants)):
    print('Name:{}, Age:{}'.format(*participants[i]))
```

if 文は，条件式の真偽に応じて実行する文を切り替える．コード 1.17 に例を示す．この文は複数の制御文を入れ子にして使用する方法の例にもなっている．2 行目の while 文の繰り返し範囲は，2 行目と同じ字下げ (すなわち字下げなし) である行が 12 行目まで存在しないので 3〜11 行目である．この繰り返し範囲の中に if 文が埋め込まれている．

コード 1.17　if 文

```
x=1
while x<=12:
    if x%6 == 0:
        print('{} is multiples of 6'.format(x))
    elif x%4 == 0:
        print('{} is multiples of 4'.format(x))
    elif x%2 == 0:
        print('{} is multiples of 2'.format(x))
    else:
        print('{}'.format(x))
    x+=1
```

[*9] 正確には Python3 では range() はイテレーターを返す．A. 1 節参照.

```
12 print('end')
```

if 文は while 文および for 文とやや範囲の考え方が異なる．if の後に条件式と:が置かれる．条件式が True であれば，:に続く文が実行される．:の直後に改行されている場合は while 文および for と同様に後続の字下げされた範囲が対象となる．if に続く条件式が False だった場合，同じ字下げの elif または else が存在すればそちらを実行する．どちらも見つからないまま if と同じ字下げの行に到達すれば，そこで if 文は終了である．

同じ字下げの elif または else が存在していた場合，elif であれば if と同様に後続の条件式が True であれば:の後の文が実行される．else であれば，無条件に:の後の文が実行される．elif の場合はさらに elif または else を置くことができるが，else の場合はそれ以降 elif も else も置くことができない．

以上を踏まえてコード 1.17 の if 文を検討する．3 行目の if 文の後，同じ字下げの elif 文が 5 行目，7 行目に見つかるので，3 行目の if 文は継続している．9 行目に同じ字下げの else が出現するので，else の後の:に続く文で if 文は終了である．9 行目は:の直後に改行されているので，後続する字下げされた範囲である 10 行目が 3 行目から続く if 文の最後である．9〜10 行目が存在しなかった場合，3 行目の if と同じ字下げである x+=1 という行に到達するので，その直前の 8 行目が if 文の最後となる．

3 行目が実行されると，まず if 文の条件式 x%6 == 0 が評価される．結果が True の場合は 4 行目が実行される．これで if 文の実行は終了したので，一気に 11 行目の x+=1 まで進む．3 行目の条件式が False だった場合，今度は 5 行目の elif の条件式が評価される．True であれば 6 行目を実行した後 11 行目へ進み，False であれば 7 行目の elif へ進む．7 行目の条件式も False であれば，9 行目の else が実行される．

この例のポイントは，x が 6 や 4 といった 2 の倍数である時の動作にある．elif はそれに先行する if または elif の条件式が True であれば実行されないので，例えば x が 12 の時 “12 is multiples of 6” と出力されるが “12 is multiples of 4” や “12 is multiples of 2” とは出力されない．5 行目または 7 行目の elif をそれぞれ if に書き換えて実行すると，そこで 3 行目から続く if 文が一旦終了するので x が 12 の時に複数の行が出力される．各自で確認してみてほしい．

while 文と for 文による繰り返しの中では，break および continue という文を使用できる．break が実行されると，繰り返しが直ちに中断されて次の文へ処理が進む．continue が実行されると，直ちに次の繰り返しへ進む．

コード 1.18 break 文および continue 文

```
1 gender = ['F1','F2','M1','M2','M3','F3','F4','M4']
```

```
 2 print('Break statement')
 3 for g in gender:
 4     if g[0] == 'M':
 5         break
 6     print(g)
 7
 8 print('Continue statement')
 9 for g in gender:
10     if g[0] == 'M':
11         continue
12     print(g)
```

コード 1.18 には 2 つの for 文があり，いずれも gender の要素を取り出して先頭の文字が 'M' であるか if 文で判定している．'M' であった時に，第 1 の for 文 (3 行目から) では break が，第 2 の for 文 (9 行目から) では continue が実行される点のみが異なる．以下にコード 1.18 の出力例を示す．第 1 の for 文では，変数 gender の 3 番目の要素 'M1' に到達した時点で break が実行されて繰り返しが終了するので 'F2' で出力が終了する．第 2 の for 文では，continue 文が実行されると 12 行目の print(g) が実行されず次の文へ進むため，繰り返しは最後まで進むが 'M' から始まる要素は出力されない．

```
Break statement
F1
F2
Continue statement
F1
F2
F3
F4
```

なお，while 文と for 文にも else を伴わせることができる．いずれも else に続く文は通常に繰り返しが終了した時に実行されるが，break で中断された場合は実行されない．このテクニックは本書では使用しないので詳しく知りたい人は Python の入門書を参照のこと．

1.3.8 関数の定義

Python で関数を定義する方法については解説すべき点が非常に多いので，ここでは 3.5.2 項の例を理解するための最低限の解説にとどめる．コード 1.19 は引数 x，y を与えるとその和を戻り値として返す関数 add() を定義している．ただし，add() はデフォルト値付きの引数 return_int を持ち，この値 Ture であれば，戻り値は整数型に変換された計算結果が戻り値として得られるものとする．return_int のデフォルト値は False である．

コード 1.19 関数の定義

```
def add(x, y, return_int=False):
    if return_int:
        return int(x + y)
    return x + y
```

1行目のように，def に続いて関数名を書き，() 内に引数を書く．デフォルト値を指定する場合は，引数名に続けて = とデフォルト値を書く．デフォルト値を持つ引数と持たない引数がある場合は，すべてのデフォルト値を持たない引数を，デフォルト値を持つ引数より前に記述しなければならない．つまり，この例では return_int より後ろに x や y を記述するとエラーとなる．() の後ろには:を置き，制御文と同様に関数で行う処理が複数行に及ぶ場合は次行以降に字下げして記述する．

関数内で return 文が実行されると，return に続く式の値が戻り値として返されて関数の実行は終了する．コード 1.19 の場合，return_int が True であれば，3 行目の return が実行されて関数の処理がそこで終了する．したがって，4 行目が実行されることはない．return が実行されずに関数の定義の最後の行まで処理が終了した場合は None が戻り値として返される．

なお，コード 1.19 の関数 add() において，引数として使用されている x と y の値は add() の内部でのみ有効であり，add() の外側で使われている x，y の値に影響しない．変数の有効範囲をスコープと呼ぶ．コード 1.20 では，1〜3 行目で引数 x の値を 2 倍にして返す関数 f() を定義している．f() の内部 (2 行目) で変数 y に値が代入されている点に注意すること．続いて 5〜6 行目で x と y に値を代入しているが，これらの行は f() の定義の外部にあるので，f() の計算の影響を受けない．したがって，7 行目で f(10) という具合に引数 x に 10 を与えて f() を実行しても x と y の値は影響を受けず，8 行目の print() では x:1，y:2，z:20 と表示される．

コード 1.20 変数のスコープ

```
def f(x):
    y = x*2
    return y

x = 1
y = 2
z = f(10)
print('x:{}, y:{}, z:{}'.format(x, y, z))
```

1.3.9 コメントおよびスクリプトの文字コード指定

Python の文の中で，文字列ではない部分に # 記号が書かれていると，# から行末までは Python から無視される．したがって，スクリプト内にコメントを書き残したい時には # を書いてその後に書けばよい．文字列内の # にはそのような効果がないので注意すること．次章以降のサンプルコードでは，コメントを積極的に利用してコード内に解説を記入する．サンプルコードを自分で入力して実行する場合は，コメントを入力しなくても動作には何も影響はない．

唯一，文字列以外の部分で # 以降の内容が意味を持つのがスクリプト冒頭の 2 行である．まず，Linux や MacOS X において，実行のパーミッションが設定されているファイルの 1 行目が #!から始まっていたら，このスクリプトを実行するためのプログラムの指定であると解釈される．例えば #!/usr/bin/python と書かれていれば/usr/bin/python が使用される．Windows の場合は拡張子に基づいてレジストリに登録されたプログラムが実行に使用されるので，1 行目が #!から始まっていても無視される．本書ではこの機能は使用しない．

1 行目または 2 行目が # から始まっていて，# の後ろに coding:＋文字コードを表す文字列 (コード名) が書かれている場合，このスクリプトで使われている文字コード [*10] の指定として解釈される．#!と併用する場合は 2 行目に，そうでない場合は 1 行目に書くとよいだろう．文字コードの指定がない場合，Python は文字コードが ASCII であることを仮定するが，ASCII コードでは日本語の文字を表現できないので，コード内で日本語の文字を使用する場合は必ず文字コードを指定する必要がある．

日本語の文字を使用できる文字コードとして ISO-2022-JP(JIS コード)，EUC-JP，SHIFT-JIS，CP932，UTF-8 などがあり，OS によって使用するコードが異なる．しかし，UTF-8 は多くの言語の文字に対応している上に，PsychoPy Coder を使用すると OS に関わらずスクリプトが UTF-8 で保存されるので，本書では UTF-8 を使用する．文字コード指定におけるコード名は大文字で書いても小文字で書いても認識される．coding:とコード名の間に空白文字があっても構わないし，コード名の後ろに続けて半角英数字が書かれていない限り，行内に他の文字が書かれていても構わない．したがって，以下の例はすべて UTF-8 の文字コード指定として有効である．

```
#coding:utf-8
#cofing:UTF-8
# -*-*-coding: utf-8-*-*-
```

1.3.10 改行に関する諸問題

Python のソースコード中でひとつの文が長すぎる場合，() や []，{} の中であれば改行することができる．このテクニックは本書においてサンプルコードをページ幅

---

*10) コンピューター内部すべての文字に数値が割り当てられており，数値で表現されている．文字と数値の対応を文字コードと呼ぶ．例えば ASCII コードという文字コードでは 0x61(10 進数の 97) と半角アルファベットの a が対応する．歴史的な経緯により多数の異なる文字コードが用いられている．

に収めるために多用するので覚えておいてほしい．() を使わなくても行末にバックスラッシュ (\) を置くことでも改行可能だが，本書では使用しない．

```
x = (1 + 2  + 3 + 4  # ()内では改行可能.行末コメントも可
+ 5 + 6 + 7 + 8 + 9) # この例ではx に 55 が代入される

x = 1 + 2  + 3 + 4 \ # バックスラッシュを使う方法
+ 5 + 6 + 7 + 8 + 9  # 本書では使用しない
```

数値や変数名，関数名などの途中で改行することはできないが，文字列の場合は以下のようにダブルクォーテーションまたはシングルクォーテーションを 3 個連ねることによって複数行の文字列を入力することができる．

```
1 s = """The quick brown fox jumps
2       over the lazy dog"""
```

この方法で注意が必要なのは，改行や 2 行目以降の空白文字がすべて文字列に含まれてしまう点である．したがって，上記の s を print() で出力すると以下のようになる．2 行目の行頭の空白をなくすには，ソースコード上でも 2 行目の冒頭の空白を削除する必要がある．

```
1 The quick brown fox jumps
2       over the lazy dog
```

逆に出力時に複数行にわたる文をソースコード中で 1 行に書きたい場合は，改行したい位置に \n と書く．以下の例では，s を print() で出力すると jumps と over の間で改行される．\n は次章で実験を作成する際に，1 試行の結果を 1 行に出力するために多用するので覚えておくこと．

```
1 s = 'The quick brown fox jumps\nover the lazy dog'
```

なお，バックスラッシュ (\) は日本語 OS および日本語用キーボードによっては ¥ と表記されるので *11)，日本語版 Windows などを使用している人は適宜読み替えてほしい．

一般に，Python の文字列において，\は後続の文字と合わせて特別な意味を持つ．これをエスケープシーケンスと呼ぶ．\n は改行を示すエスケープシーケンスである．他には\という文字自体を意味する \\，シングルクォーテーションを意味する\'，ダブルクォーテーションを表す \"，タブ文字を表す \t などがある．

最後に，次章以降のサンプルで出力した PsychoPy のログファイル等を Windows のメモ帳等で開いた際に，改行されずに 1 行に連なって表示される問題について注意して

---

*11) 文字コード 0x5C(10 進数の 92) に ASCII コードでは \ が割り当てられていたのに対して，日本で用いられていた JIS コードでは ¥が割り当てられていたことに由来する．

おく．Linux などの OS ではテキストファイル内で改行を表すために 16 進数の 0x0A (line feed : LF) を用いる．これに対して Windows では 0x0D (carriage return : CR) と LF を組み合わせて 0x0D0A (CRLF) で改行を表す．PsychoPy のログファイル等は改行が LF で出力されているため，Windows のメモ帳のように CRLF を改行と認識するアプリケーションでは 1 行に連なって表示される．適切な表示を見るためには，LF を改行コードと認識できるアプリケーションで開く必要がある．PsychoPy の Coder は改行が LF のファイルを適切に開くことができる．

1.3.11 パスとカレントディレクトリ

OS において，ファイル等が存在している位置を指し示す文字列をパスと呼ぶ．日本の住所の表記で「東京都新宿区新小川町」という具合に大区分から小区分へ順番に書いて住所を特定するように，“E:\心理学演習\発表資料.docx” や “/usr/local/lib” といった具合にシステムの根幹からディレクトリ名を順番に書いてファイル等の位置を表す．OS によってパスを区切る文字が異なっており，Windows では \(日本語環境では ¥と表示されることもある．1.3.10 項参照)，Linux や MacOS X では / が用いられる．Python では，Windows 上でも / を区切り文字として使用することができるので，/ を使うと他の OS でも実行できるスクリプトを書くことができる．

日本には「大手町」という住所がたくさんあるが，名取市 (宮城県) で「大手町 1 丁目」と言えば通常は「宮城県名取市大手町 1 丁目」を指すだろう．このように，住所は現在位置から相対的に指定することが可能である．パスも同様に，現在位置が “E:\心理学演習” の時に「“発表資料.docx” を開く」と言えば “E:\心理学演習\発表資料.docx” を指す．現在の位置をカレントディレクトリと呼び，カレントディレクトリからの相対的な位置指定を相対パスと呼ぶ．これに対して，カレントディレクトリに依存しない一意な位置指定を絶対パスと呼ぶ．Windows では “C:\” や “F:\” といったドライブ文字から始まるパスが絶対パス *12)，Linux や MacOS X では “/” から始まるパスが絶対パスである．絶対パスの起点となるディレクトリをルート (root) ディレクトリと呼ぶ．

PsychoPy Coder でスクリプトを実行すると，スクリプトのファイルが置かれているディレクトリがカレントディレクトリとなる．実験データをファイルへ出力したり，画像ファイルを刺激として読み込んだりする際は，カレントディレクトリからの相対パスを用いると便利である．本書では原則として相対パスによる指定を用いる．

---

*12) ネットワーク上の位置を表す場合などは除く．

1.3.12 例 外 処 理

Python のスクリプト実行中にエラーが生じた場合，通常はエラーメッセージが表示されてスクリプトは停止してしまう．`try`〜`except`〜`else` 文を用いると，エラー発生時に行う処理 (例外処理) を指定して処理を続行することができる．コード 1.21 はエラーが生じるスクリプトの例である．`s` に 10 個しか要素がないにも関わらず `for` 文で 20 個の要素を取り出そうとしているため，`i` が 10 に達した後に 3 行目でエラーが生じてスクリプトが停止し，4 行目は実行されない．

コード 1.21　エラーが生じるスクリプト

```
s = 'abcdefghij'
for i in range(20):
    print(s[i])
print('end')
```

コード 1.21 に `try`〜`except`〜`else` 文で例外処理を追加したのがコード 1.22 である．`try` 文に続く字下げされた文を実行中にエラーが生じると，`except` 文の後続の字下げされた文が処理される．`else` 文の後続の字下げされた文は処理されない．逆に，エラーが起きなかった場合は `except` 文が処理されず `else` 文が処理される．`else` 文は省略することもできる．コード 1.22 では `i` が 10 に達すると 4 行目がエラーとなり，5 行目の `except` に処理が移動する．6 行目でエラーメッセージと `s`，`i` の値を出力した後，7 行目の `else` は飛ばして 9 行目へ処理が移動する．3 行目の `range()` の引数を 0〜9 の整数に変更して実行してみると理解が深まるだろう．

コード 1.22　try〜except〜else 文

```
s = 'abcdefghij'
try:
    for i in range(20):
        print(s[i])
except:
    print('ERROR! s:{} i:{}'.format(s,i))
else:
    print('Success!')
print('end')
```

例外処理ではエラーの種類に応じて処理を分岐させたりすることも可能だが，詳しくは Python の入門書を参照してほしい．心理学実験では，実験の処理をすべて `try` 文の中に入れ，エラーが生じた時に `except` 文で未保存のデータを保存するなどの処理を行うといった使い方ができる．しかし，そのような使い方は難易度が高いので，本書では保存すべきデータは取得した時点で直ちにディスクに書き出すというアプローチをとる．

以上で Python の基礎的な事項の解説を終える．次章から PsychoPy を用いた心理学実験の作成法について解説する．

2 PsychoPyによる実験の作成

2.1 この章の目的

初めて実験のスクリプトを書く人は，PsychoPy Coderのウィンドウを前にして一体何をすればよいのか途方に暮れるだろう．スクリプトには，これから実施しようとする実験の手続きをコンピュータに教えてあげるように，ひとつひとつ順番に書く必要がある．初めての方にとって「コンピュータにわかる言葉 (本書の場合はPython) で書く」という点が難しいのはもちろんだが，「自分がコンピュータにしてもらいたいことをコンピュータが理解できるように表現する」ことの方が難しいかもしれない．

例えば先行研究の論文の手続きに「カーソルキーの上下を押して刺激の輝度を調節した」とあったとしよう．この処理をスクリプトに書こうとしても，こんな曖昧な「手続き」はコンピュータには理解できない．コンピュータが理解できるように処理内容を丁寧に分解する必要がある．一般的なPythonの解説書には様々な処理をコンピュータで実行できるように分解する方法が開設されているが，「ボタンを押して刺激を調節する」といった心理学実験では定番の処理が取り上げられることは少ない．この章では，PsychoPyを用いて心理学実験に定番の処理をPythonで実行できるように分解する方法を解説する．

2.2 基本的な実験スクリプトの構成

2.2.1 刺激提示と反応計測のための最小スクリプト

刺激提示や反応計測を行う心理学実験アプリケーションといっても，WindowsやMacOS XといったOSにとってはインターネットブラウザなどと同じ通常のアプリケーションのひとつに過ぎない．したがって，心理学実験アプリケーションもブラウザなどと同様に，以下の作業を行って図形や文字を描画するためのウィンドウを開いたり，キーボードやマウスの操作に対応したりしなければならない．

1）ウィンドウを作成する．

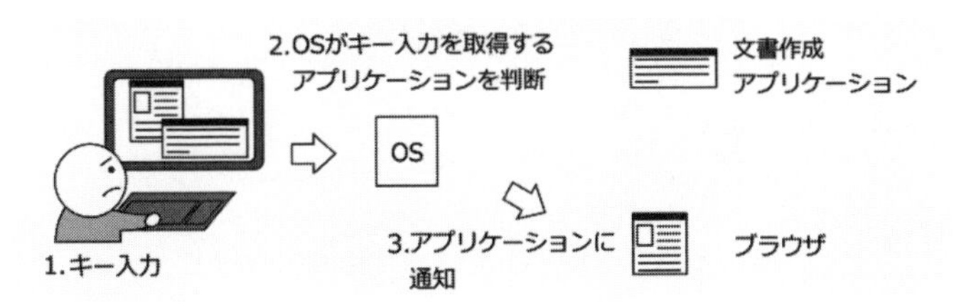

図 **2.1**　キー入力がアプリケーションに取得されるまでの流れ

2）アプリケーションの終了まで以下の作業を繰り返す．

a）ウィンドウに対して行われたキーボードからの入力やマウスのクリックなどのイベントを OS から取得する．

b）アプリケーションに固有の処理を行う．例えば押されたキーに割り当てられた処理を行ったり，ウィンドウの内部を描画し直したりする．

3）2) が終了したらウィンドウを破棄する．

「イベントの取得」とは具体的に何のことか想像しにくいかもしれないが，例として文書作成アプリケーションを使用中にインターネットブラウザを開いて調べものをするという状況を考えよう．ブラウザをクリックして検索窓にキーワードを入力しても，そのキーワードは文書作成アプリケーションには入力されない．当然と言えば当然のことだが，これは非常に重要なことである．ユーザーが意図しないアプリケーションにキー入力が伝わると使っていて非常に不快だし，何よりキー入力を取得してインターネット上のどこかへ送信するプログラムが動作していたら，パスワード漏洩などの重大なセキュリティホールになりかねない．このような問題を防ぐために，キーボードやマウスからの入力はすべて OS に集約されるように設計されており，アプリケーションは直接入力を取得することはできない．そして，OS が「このアプリケーションには通知してもよい」と判定した入力だけが当該アプリケーションに通知される (図 2.1)．最初の文書作成アプリケーションとブラウザの例では，OS が「今はキーボードの入力を受け取るのはブラウザだ」と判断し，文書作成アプリケーションにキー入力があったことを通知しないため，文書作成アプリケーションは検索キーワードを取得しないのである．この「イベントを取得する」という考え方は 2.4.2 項 (p.97) で測定の時間精度について議論する時に不可欠なので覚えておいてほしい．

このように入力が厳重に管理された OS 上で心理学実験を行うためには，刺激提示や反応の記録のための処理を書く以前に，OS の作法に則ってウィンドウを作成してイベントの取得を行うコードを書かねばならない．だが，ウィンドウ作成やイベント処理などのコード作成技術の習得は，相当の時間と労力を要する上に多くの場合 (心理実験を作成したいといった) アプリケーションを作成したい動機とは直接関係ない

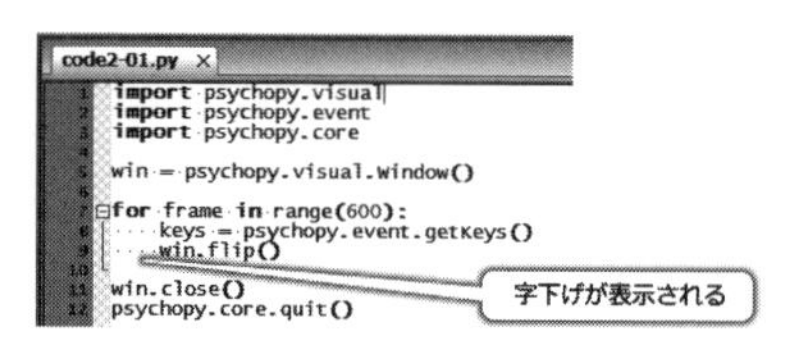

図 **2.2** PsychoPy Coder による字下げの表示.

ので，大変敷居が高い．こういった処理が難解となる理由のひとつは，現代の OS が多様な用途のアプリケーションをサポートすることを求められているからである．用途を限定すればこれらの処理を行うコードは定型化できるので，用途に応じてこれらの処理を簡略化したライブラリが多数作成されている．PsychoPy もそういったライブラリのひとつだと言える．

PsychoPy は心理学実験を作成するという目的で作成されているので，本書の目的には最適である．ウィンドウの作成やイベントの取得といった処理を，わずか数行のスクリプトで実現することができる．具体的な例をコード 2.1 に挙げる．PsychoPy Coder で作成すると，図 2.2 のように字下げが表示されるのでプログラミングが初めての人にはおすすめである．実行すると，図 2.3 のようにスクリーン中央に灰色のウィンドウが数秒間表示された後に消えるはずである．この時間は実行する PC によって異なるが，多くの実行環境では 10 秒よりやや長くなる *1).

コード **2.1** 刺激提示と反応計測のための最小スクリプト

```
 1 import psychopy.visual
 2 import psychopy.event
 3 import psychopy.core
 4
 5 win = psychopy.visual.Window()
 6
 7 for frame in range(600):
 8     keys = psychopy.event.getKeys()
 9     win.flip()
10
11 win.close()
12 psychopy.core.quit()
```

冒頭の 3 行で，PsychoPy の 2.1 では `visual`，`event`，`core` モジュールを読み込んでいる．`visual` はウィンドウの作成および視覚刺激の描画，`event` はキーボードとマウスのイベントの取得を行うモジュールである．`core` は時間計測に関する機能や実験終了のための機能などを含む．

5 行目では `psychopy.visual.Window()` を実行して `psychopy.visual.window.Window` オブジェクトを作成している．1.3.6 項で断った通り，名称が長いので以

*1) スクリーンの VSYNC が有効でリフレッシュレートが 60 Hz の場合．2. 4. 1 項 (p.90) 参照.

図 **2.3** 左：コード 2.1 の実行例．中央の灰色のウィンドウが PsychoPy のウィンドウである．

下では `Window` オブジェクトと表記する．`Window` オブジェクトは，画面上に開いたウィンドウの大きさや位置，背景色といった属性や，ウィンドウに描いた図形をスクリーン上に表示させるといった処理をひとつにまとめたものである．PsychoPy を用いた視覚刺激提示や反応計測で中心的な役割を果たす．

コード 2.1 の 7〜9 行目は OS からのイベントの取得とプログラム固有の処理を繰り返す処理である．繰り返しには `for` 文を用いている．`in` の後ろに `range(600)` としているので，`frame` の値が 0 から 599 まで 1 ずつ増加しながら 600 回の繰り返しが行われる (1.3.7 項参照).

8 行目は OS からイベントを取得する処理である．`psychopy.events.getKeys()` は最後に `getKeys()` が実行されてから現在までにウィンドウが受け取った「キーボードのキーが押された」というイベントのリストを返す．マウス操作に関するイベントを受け取るには `psychopy.events.Mouse` クラスのオブジェクトを使用する必要があるが，その方法については 2.3.4 項で述べる．

9 行目はアプリケーション固有の処理に該当する．このサンプルコードでは刺激の描画などを行わず，`Window()` オブジェクトの `flip()` メソッドを実行しているのみである．2.2.2 項から実際に PsychoPy のウィンドウに視覚刺激を描画するが，描画した刺激の提示もまた定められた手順に従って行わなければならない．視覚刺激は一旦バッファと呼ばれる領域に描画され，この時点では PC のスクリーン上に提示されない．`flip()` メソッドはバッファに描かれた刺激を実際にスクリーン上に表示する処理を行う (図 2.4)．2.4.1 項 (p.90) で測定の時間精度について議論する際に，この

図 **2.4** フリップの役割

`flip()` の動作が重要なポイントとなるので必ず覚えておくこと．

`for` 文を終えた後，11 行目で `Window` オブジェクトの `close()` メソッドを実行している．このメソッドは名前通り PsychoPy のウィンドウを閉じる．12 行目の `psychopy.core.quit()` はスクリプトを終了する関数である．これらの関数を実行しなくても，スクリプトの最終行まで実行されれば自動的にウィンドウが閉じられてスクリプトは終了する．しかし，Python の実行環境のひとつである IPython から run コマンドを使ってスクリプトを実行する場合などは，`close()` を実行しなければスクリプトが終了してもウィンドウが閉じないので実行することを勧める．`quit()` は，`if` 文と組み合わせることによって，何らかの条件に合致した時に直ちにスクリプトを終了させたい際に便利である．

以上でコード 2.1 の解説は終了である．これで PsychoPy を用いて刺激提示や反応計測を行うために最小限必要な処理を行うためのスクリプトが完成した．2.2.2 項では，ここへ視覚刺激の描画処理を追加する．

■ 練 習 問 題

1）使用している PC のリフレッシュレートを調べられるならば，サンプルスクリプト 5 行目の `range()` の引数をリフレッシュレートの整数倍に設定して，ウィンドウが表示されている時間をストップウォッチ等で測定すること．リフレッシュレートがわからない場合は，`range()` の引数の値を 300，1200 などに変更して，ウィンドウが表示されている時間がどのように変化するか測定せよ．

2.2.2 図形や文字の描画

PsychoPy には，様々な視覚刺激を描画するためのオブジェクトが用意されている (表 2.1)．本項では，コード 2.2 を例として，`Rect` と `TextStim` を用いる方法を解説する．他の視覚刺激オブジェクトも基本的な利用方法は同じなので，しっかり理解してほしい．本項で解説する内容は以下の通りである．

1）スクリプト内に日本語を書く．

2）スクリプト内にコメントを書く．

表 **2.1** psychopy.visual に含まれる視覚刺激クラス

クラス	機能
`ImageStim`	ビットマップ画像を描画する.
`TextStim`	文字列を描画する.
`Rect`	長方形を描画する.
`Circle`	円を描画する (多角形による近似).
`Polygon`	正多角形を描画する.
`ShapeStim`	線分で囲まれた図形を描画する.
`Line`	線分を描画する.
`GratingStim`	グレーティングを描画する.
`RadialStim`	環や弧を描画する.
`DotStim`	大量のドットを高速に描画する.
`ElementArrayStim`	大量の刺激を高速に描画する.
`MovieStim3`	動画を再生する.
`Aperture`	視覚刺激の描画範囲を制限する「窓」を作成する.

3) 正方形と文字列を描画する.
4) 色を指定する. 位置, 角度を指定する.
5) 刺激を重ね合わせる.
6) ウィンドウの色と単位を指定する.
7) 時間を計測する.
8) 刺激をアニメーションさせる.

コード **2.2** 視覚刺激の描画

```
1  #coding:utf-8
2  from __future__ import division # Python3 との互換性を高める
3  from __future__ import unicode_literals
4  import psychopy.visual
5  import psychopy.event
6  import psychopy.core
7
8  win = psychopy.visual.Window(
9      monitor='defaultMonitor', units='cm', color='black')
10 clock = psychopy.core.Clock()
11
12 text1 = psychopy.visual.TextStim(
13     win, pos=(2.0, -2.0), height=0.8, color='green')
14 text2 = psychopy.visual.TextStim(
15     win, text='日本語も表示できます', pos=(0, 0), height=1.0)
16 box = psychopy.visual.Rect(
17     win, width=4.0, height=4.0,
18     lineColor='lightgrey', fillColor='dimgrey')
19
20 clock.reset() # 時計を 0.0秒にリセットする
21 while clock.getTime()<20: # 20秒間経過するまで繰り返す
22     keys = psychopy.event.getKeys()
23
```

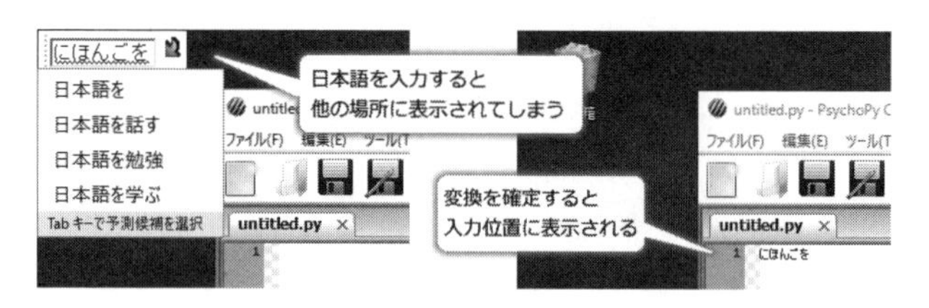

図 **2.5** PsychoPy Coder で日本語入力すると変換確定まで入力位置に表示されない (Windows での実行例).

```
24      box.setOri(20*clock.getTime())
25      text1.setText('{:.1f}'.format(clock.getTime()))
26
27      text1.draw()
28      box.draw()
29      text2.draw()
30
31      win.flip()
```

このサンプルコードより，コード内に日本語の文字を使用するので，1 行目で文字コードの指定を行っている (1.3.9 項参照). 2 行目と 3 行目では，整数の除算と文字列の扱いに関する Python2 と 3 の差を吸収してどちらのバージョンでも動作するようにするためのモジュールを import している (A.1 節参照). すでに Python2 に習熟していて，これらのモジュールを import しない時の挙動をよく理解している読者を除いて，これらのモジュールは必ず import しておくことを勧める *2). したがって，本書でもこれ以降のサンプルコードでは必要性の有無に関わらずこれらのモジュールを import する.

なお，PsychoPy Coder で日本語を入力すると，図 2.5 左のように入力位置とは異なる位置に変換候補等が表示されてしまうことがある. 変換を確定すれば入力位置に正しく表示されるので，使用できないほどの問題ではない. 我慢できない場合は好みのテキストエディタで入力して保存し，Coder で開いてから実行と微修正を行えばよい.

8〜9 行目で `Window` オブジェクトを作成しているが，このサンプルコードでは引数を用いて `Window` オブジェクトをカスタマイズする例を示している. `monitor` は，1.2.1 項で作成したモニタープロファイルを指定する. `units` は，刺激の大きさや位置を指定する際に用いる単位を表 2.2 から選んで指定する. 図 2.6 に使用できる単位の関係を示す. いずれの単位でもスクリーンの中心が原点であり，右と上がそれぞれ正の方向である. `norm`，`height`，`pix` はモニタープロファイルの指定なしで使用できるが，その他の単位を使用する場合はスクリーンの実寸が必要となるためモニタープ

---

*2) 特に `division` が必要なのに import し忘れた時はエラーメッセージが表示されずにプログラマーの意図とは異なる動作をすることがあるので危険である.

表 **2.2**　PsychoPy で使用できる単位

norm	スクリーンの中心から上下左右の端までの距離が 1.0 となるように正規化した単位．通常のモニターのスクリーンは横長なので，`Rect` や `Circle` で正方形や円を描いても長方形や楕円となる．`units` を指定しなかった場合の標準値である．
height	スクリーンの上端から下端の距離が 1.0 になるように正規化された単位．norm と異なり正方形や円が適切に表示される．
pix	スクリーン上の画素に対応する．
cm	スクリーン上での 1 cm に対応する．モニターセンターで正確にスクリーンの幅を設定する必要がある．
deg	視角 1° に対応する．観察距離を d cm として $d \tan(\pi/180)$ cm を 1° とする近似計算である．モニターセンターで設定した観察距離から観察する必要がある．
degFlat	deg ではスクリーンの端に向かうにつれて誤差が大きくなるが，degFlat ではスクリーンが完全な平面で，観察位置がスクリーン中心から伸ばした法線上にあるという前提のもとに正確に視角を計算する．
degFlatPos	刺激の位置 (`pos`) に関してのみ degFlat と同様に正確に計算する．`Rect` 等で描画する図形の頂点は deg と同様に計算する．

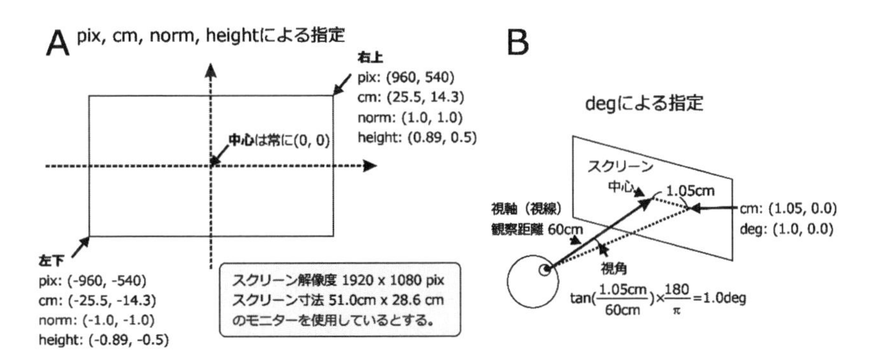

図 **2.6**　PsychoPy で使用できる単位．A：pix, cm, norm, height の関係，B：deg による指定．計算に観察距離が必要なため適切なモニタープロファイルが指定されている必要がある．

ロファイルを指定する必要がある．

`color` は刺激提示ウィンドウの背景色の指定である．PsychoPy には，色の指定方法として web/X11 Color name で定義された色名を使う方法，16 進数で指定する方法，要素数 3 のシーケンスで指定する方法がある．表 2.3 に web/X11 Color name を示す．9 行目はこの方法を用いてウィンドウの色を黒に設定している．16 進数を用いる方法は，`'#9aFFb0'` のように `'#'` から始まる 16 進数を示す文字列で色を表す．16 進数は 6 桁または 3 桁で，6 桁の場合は左から 2 桁ずつ赤成分 (R)，緑成分 (G)，青成分 (B) に対応する．3 桁の場合は左から 1 桁ずつ R，G，B に対応する．シーケンスを用いる場合は，`(0.5,0.0,1.0)` のように小数を 3 個並べて指定する．それぞれの値の意味はオブジェクトに設定されている色空間によって異なる．例えば RGB 色空間であれば順番に R，G，B に対応し，値の範囲はそれぞれ -1.0〜1.0 である．HSV 色空間であれば色相 (H：角度で指定)，彩度 (S：0〜1)，明度 (V：0〜1) に対応する．PsychoPy の標準の色空間は RGB であり，色空間を指定しなければ RGB 色空間が用いられる．本書では一貫して RGB 色空間を用いる [*3)]．以下に白，黒，赤をそれぞれ Color name，16 進数，シーケンスで指定した例を示す．

```
# 白の指定
'white'
'#FFFFFF'
(1.0, 1.0, 1.0)

# 黒の指定
'black'
'#000000'
(-1.0, -1.0, -1.0)

# 赤の指定
'red'
'#FF0000'
(1.0, -1.0, -1.0)
```

PsychoPy のウィンドウに文字列や正方形といった視覚刺激を描画するには，まず視覚刺激オブジェクトを作成する (12〜18 行目)．1.3.4 項で述べた通り，オブジェクトの作成にはクラス名と同一の関数 (コンストラクタ) を用いる．PsychoPy の視覚刺激オブジェクトはいずれもコンストラクタの第 1 引数として描画対象となる `Window` オブジェクトを必要とするので，`Window()` の実行後に作成する必要がある．1.3.3 項で述べた通り，キーワード引数はサンプルコードと異なる順番で書いても構わない．

コンストラクタの引数はクラスによって異なるが，表 2.1 に挙げた引数は大部分の視覚刺激オブジェクトのコンストラクタで使用できる．これらの引数の他に，`TextStim()` で描画する文字列を指定する `text` や文字の高さを指定する `height`，`Rect()` で縦横の長さを指定する `width`，`height` などの固有の引数が存在する．本書では，これらの刺激特性を (刺激の) パラメータと呼ぶことにする．

このサンプルでは `Window()` オブジェクト作成時に `units` に cm を指定しているので，刺激の位置や大きさの単位は cm である．`text1` は `pos=(2.0, -2.0)` と設定しているので，スクリーン中央から右に 2 cm，下に 2 cm の位置に描画される．`box` の `width` と `height` を 4.0 に設定しているので，1 辺が 4 cm の正方形が描画される．`text1` および `text2` の `height` をそれぞれ 0.8，1.0 に指定しているが，文字列の場合は使用するフォントや表示する文字によって各文字の高さが異なるので，一般にスク

---

*3) 色空間は引数 `colorSpace` (表 2.4) で指定できる．

表 **2.3** PsychoPy で使用できる色名 (アルファベット順)

aliceblue	antiquewhite	aqua	aquamarine
azure	beige	bisque	black
blanchedalmond	blue	blueviolet	brown
burlywood	cadetblue	chartreuse	chocolate
coral	cornflowerblue	cornsilk	crimson
cyan	darkblue	darkcyan	darkgoldenrod
darkgray	darkgreen	darkgrey	darkkhaki
darkmagenta	darkolivegreen	darkorange	darkorchid
darkred	darksalmon	darkseagreen	darkslateblue
darkslategray	darkslategrey	darkturquoise	darkviolet
deeppink	deepskyblue	dimgray	dimgrey
dodgerblue	firebrick	floralwhite	forestgreen
fuchsia	gainsboro	ghostwhite	gold
goldenrod	gray	green	greenyellow
grey	honeydew	hotpink	indianred
indigo	ivory	khaki	lavender
lavenderblush	lawngreen	lemonchiffon	lightblue
lightcoral	lightcyan	lightgoldenrodyellow	lightgray
lightgreen	lightgrey	lightpink	lightsalmon
lightseagreen	lightskyblue	lightslategray	lightslategrey
lightsteelblue	lightyellow	lime	limegreen
linen	magenta	maroon	mediumaquamarine
mediumblue	mediumorchid	mediumpurple	mediumseagreen
mediumslateblue	mediumspringgreen	mediumturquoise	mediumvioletred
midnightblue	mintcream	mistyrose	moccasin
navajowhite	navy	oldlace	olive
olivedrab	orange	orangered	orchid
palegoldenrod	palegreen	paleturquoise	palevioletred
papayawhip	peachpuff	peru	pink
plum	powderblue	purple	red
rosybrown	royalblue	saddlebrown	salmon
sandybrown	seagreen	seashell	sienna
silver	skyblue	slateblue	slategray
slategrey	snow	springgreen	steelblue
tan	teal	thistle	tomato
turquoise	violet	wheat	white
whitesmoke	yellow	yellowgreen	

表 **2.4**　視覚刺激クラスの初期化関数の主な引数

引数	機能
`opacity`	0.0 から 1.0 の範囲で刺激の不透明度を指定する．0.0 は完全な透明，1.0 は完全な不透明である．デフォルト値は 1.0 である．
`ori`	刺激の回転角度を指定する．単位は度で時計回りが正の方向である．デフォルト値は 0 である．
`size`	刺激を拡大率を指定する．小数の数値のみが指定され場合は縦横同比率で拡大されるが，`[x,y]` の場合は横に `x` 倍，縦に `y` 倍となる．ただし `TextStim` はこの方法では拡大されない．`ori` と組み合わせた場合は拡大後に回転される (単位が norm の場合に注意を要する)．
`pos`	刺激の中心の座標を `[x,y]` のように 2 要素のリストで指定する．`x` は水平方向，`y` は垂直方向である．デフォルト値は `[0,0]` である．
`color`	色を指定する．Rect や Circle，Polygon，ShapeStim クラスでは輪郭線と塗りつぶし色を別々に指定できるので，`color` の代わりに `lineColor` と `fillColor` を用いる．`lineColor` を `None` にすることによって輪郭なし，`fillColor` を `None` にすることによって塗りつぶしなしにできる．
`colorSpace`	`'rgb'`，`'hsv'`，`'lms'`，`'dkl'` のいずれかで色空間を指定する．デフォルト値は`'rgb'` である．ただし`'dkl'`，`'lms'` は適切にキャリブレーションされたモニタープロファイルが指定された場合のみ使用できる．

リーン上で 0.8 cm，1.0 cm よりやや小さな高さとなる．

これらの引数で指定したパラメータの値は，24〜25 行目の `setOri`，`setText` のように `set`+引数名の名前のメソッドで更新することができる．PsychoPy 1.81.00 以降，データ属性に値を代入するように `stim.ori=45` と書いて刺激のパラメータを更新できるようになったが (A. 6. 4 参照)，この書き方に対応していないパラメータもあるため，本章ではメソッドによる更新で統一する．

視覚刺激オブジェクトをバッファに描画するには，`draw()` というメソッドを用いる．27〜29 行目のように `flip()` を実行する前に各オブジェクトの `draw()` を実行し，刺激をバッファに描画する．刺激は `draw()` を呼び出した順番に重ね描きされていくので，サンプルコードではまず `text1` が描画され，その上に `box`，さらにその上に `text2` が描画される．

視覚刺激をアニメーションさせるには，`flip()` を行う前に刺激の色や角度，大きさなどを更新すればよい．問題は「更新するタイミングをどのように決定するか」だが，コード 2.2 ではストップウォッチのような働きをする `psychopy.core.Clock` オブジェクトを使用している (10 行目)．`Clock` は `reset()` と `getTime()` というメソッドを持っており，`reset()` を実行するとストップウォッチが 0.0 にリセットされる．引数に浮動小数点数を指定することによって，任意の値に設定することも可能である．`getTime()` を実行すると，現在の時間が浮動小数点数で得られる．単位は秒である．時間精度は PC に搭載されているチップに依存するが，1/1000 秒 (ミリ秒) の桁は有

図 **2.7**　左：コード 2.2 の実行例．右：Coder の停止ボタン．

効であると考えてよい．

コード 2.2 では 20 行目で `reset()` を行い，その後直ちに `while` 文を用いて `getTime()` の戻り値が 20 未満の間 (つまり 20 秒経過するまで) 22〜31 行目を繰り返している．この間に `flip()` を実行しているので，20 秒間刺激が更新され続ける．各刺激の `draw()` を行う直前の 24〜25 行目でそれぞれ `box` と `text1` を更新している．24 行目では経過時間を 20 倍した値を `box` の回転角度に指定しているため，18 秒間で 1 回転 (360°) の速度でゆっくり回転する．25 行目では `getTime()` の戻り値を小数点 1 桁までの文字列に変換して `text1` の `text` に指定している．

コード 2.2 の解説は以上である．実行するとウィンドウに図 2.7 左のような刺激が描画される．20 秒経過すると自動的に終了するが，Coder の停止ボタン (図 2.7 右) を押すと直ちに強制終了させることができる．停止ボタンは便利な機能だが，2.2.4 項で取りあげる方法でフルスクリーンモードでウィンドウを表示すると利用することができないので注意する必要がある．

■ 練習問題

1）正方形の 1 辺が 4 cm であることをスクリーンに定規をあてて確認せよ．回転していて測りにくい場合は 24 行目をコメント化して回転を止めること．長さが 4 cm ではない場合はモニタープロファイルが適切に設定されていない．

2）コード 2.2 の `box` の不透明度を `clock.getTime()%1.0` に変更して実行し，`box` の透明度が変化する様子を確認せよ．また，20 秒間かけて box の不透明度が 0.0 から 1.0 になるようにせよ．

3）`fillColor` に RGB の値をリストとして与えることで `box` の色を黄色にせよ．

4）`fillColor=None` とすると輪郭線のみで内部が塗りつぶされないこと，`lineColor=None` とすると輪郭線が描画されないことを確認せよ．

5）`Window()` の引数 `units` を norm にして，スクリーン内に刺激がすべて収まるように刺激の位置と大きさを変更せよ．同様の作業を height でも行い，norm と

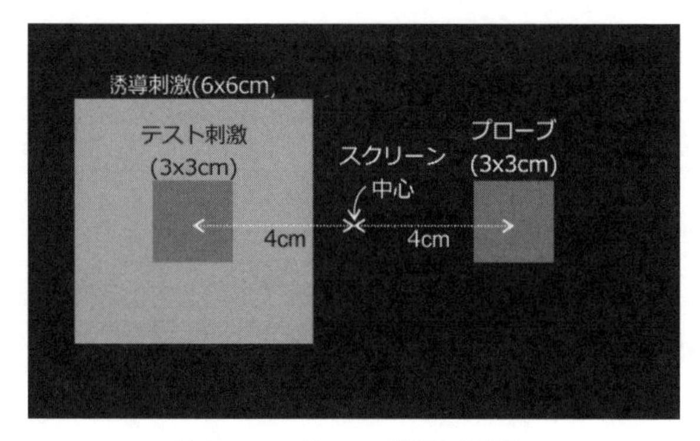

図 **2.8** コード 2.3 で描画する刺激.

height の描画の違いを確認せよ．特に回転する正方形の歪みに注意すること．

6）25 行目の引数の文字列を `'{:.2f}'`，`'{:04.1f}'`，`'{:f}'` に変更して，出力がどのように変化するか確認せよ．

2.2.3 キーボードイベントの処理と反応の保存

本項では明度対比の刺激を用いてキーボードからの反応の取得とファイルへの保存を行う．コード 2.3 を実行すると，スクリーン左側に 1 辺 6 cm の正方形 (誘導刺激) と 1 辺 3 cm の正方形 (テスト刺激) が重ねて描画され，右側に 1 辺 3 cm の正方形 (プローブ) がひとつ描画される (図 2.8)．テスト刺激とプローブを比較して，明るく見える方をキーボードのカーソルキーの左右で選択すれば終了する．以下の点を解説する．

1）押されたキーを判別する．
2）反応時間を計測する．
3）押したキーの名前と反応時間を出力する．
4）入れ子構造の制御文を書く．
5）比較演算子と論理演算子を使用する．
6）リストの要素を取り出す．

コード **2.3** 反応の取得とファイルへの出力

```
 1 #coding:utf-8
 2 from __future__ import division
 3 from __future__ import unicode_literals
 4 import psychopy.visual
 5 import psychopy.event
 6 import psychopy.core
 7 import codecs # 日本語を含むテキストファイルの読み書きに便利
 8
 9 win = psychopy.visual.Window(
10     monitor='defaultMonitor', units='cm', color='black')
11 clock = psychopy.core.Clock()
```

```
12
13 stim1 = psychopy.visual.Rect( # 誘導刺激
14     win, width=6.0, height=6.0, pos=[-4,0],
15     lineColor=None, fillColor=[0.3,0.3,0.3])
16 stim2 = psychopy.visual.Rect( # テスト刺激
17     win, width=3.0, height=3.0, pos=[-4,0],
18     lineColor=None, fillColor=[0.0,0.0,0.0])
19 probe = psychopy.visual.Rect( # プローブ
20     win, width=3.0, height=3.0, pos=[4,0],
21     lineColor=None, fillColor=[0.0,0.0,0.0])
22
23 datafile = codecs.open('data.csv','w','utf-8') #データファイルを作成
24 waiting_keypress = True # この変数がTrue の間刺激を提示する
25
26 clock.reset()
27 while waiting_keypress:
28     keys = psychopy.event.getKeys(timeStamped=clock)
29     for key in keys: # 取得したキー一覧から順番にキーを取り出して確認
30         if key[0]=='left' or key[0]=='right': # カーソルキーの右か左
31             datafile.write('{},{:.3f}\n'.format(key[0],key[1]))
32             waiting_keypress = False # while 文を終了する
33             break # for 文を中断する
34     stim1.draw()
35     stim2.draw()
36     probe.draw()
37
38     win.flip()
39
40 datafile.close() # データファイルを閉じる
```

1〜22 行目のうち，7 行目以外はすでに解説済みの知識で理解できるはずである．7 行目で import している `codecs` は，文字コードを指定してテキストファイルを読み書きするモジュールである．1.3.3 項で関数の引数の解説に用いた `open()` でもテキストファイルの読み書きは可能だが，漢字などの非 ASCII 文字を扱う場合は文字コードの判別と変換を行わなければならなくなる場合がある．`codecs` モジュールに含まれる `open()` を使用すると，透過的に文字コード変換が行われるので便利である．

23 行目は，この `codecs.open()` を用いて反応記録用のファイルを開いている．第 1 引数はファイル名であり，スクリプトを実行しているディレクトリの 'data.csv' という名前のファイルを開く．拡張子を.csv はカンマ区切り (Comma Separated Values) と呼ばれるデータ形式を示しており，様々な表計算アプリケーションや統計解析アプリケーションで読み込むことができる．第 2 引数は `'w'` であれば書き込み用，`'r'` であれば読み込み用である．`'w'` の場合，すでに同名のファイルが存在しているとそのファイルの内容は失われてしまうので注意すること．`'r'` の場合は指定したファイルが存在していなければエラーになる．他に `'r+'` や`'a'`，およびこれらに `'b'` を付け

足したものが指定できるが，本書では使用しない．第 3 引数はファイルの文字コードである．本書では一貫して UTF-8 を用いる．codecs.open() の戻り値は file オブジェクトであり [*4]，このオブジェクトを用いて実際の読み書きを行う．

24 行目の waiting_keypress という変数は，while 文で「キーが押されるまで刺激提示とイベント取得を繰り返す」という処理を実現するために，「まだキーが押されているのを待っている状態だ」という情報を保持するために用いる．このような変数をフラグと呼ぶ．26 行目で clock を reset() した後 [*5]，この waiting_keypress を条件式として 27 行目の while 文を実行する．繰り返し中に waiting_keypress が False に変更されたら，その回を最後に繰り返しが終了する．参加者が反応するまで待つ時などによく用いられるテクニックだが，誤って while 文の内部でフラグが False にならないコードを書いてしまうと，その while 文は永遠に終了しないので注意が必要である．このような場合は Python 自体を強制的に終了させる必要があるので注意が必要である．

28 行目から 32 行目がこのサンプルのポイントである．まず 28 行目の getKeys() は前項でも使用したが，今回は timeStamped という引数が指定されている．この引数に Clock オブジェクトを渡すと，戻り値として押されたキーの名前とキーが押しイベントを受け取った時の時間が得られる．反応時間を計測する実験では便利な機能なので覚えておきたい．

続く 29 行目の for 文の動作を理解するために，getKeys() の戻り値についてもう少し詳しく解説しよう．以下に典型的な getKeys() の戻り値の例を示す．

```
1  # 何もキーが押されていない
2  []
3
4  # timeStamped なし
5  ['left'] # カーソルキーの左のみが押された
6  ['w', 'e'] # w と e が押された
7
8  # timeStamped あり
9  [('left',1.8532414028886706)]  # カーソルキーの左のみが押された
10 [('w', 5.818837978411466), ('e', 5.819010769482702)] # w と e が押された
```

2 行目はキーが押されていなかった場合で，timeStamped の有無に関わらず空リス

---

*4) 正確には，第 3 引数が指定された場合は codecs.StreamReaderWriter オブジェクトが返される．この StreamReaderWriter オブジェクトが文字コード変換を行い最終的に file オブジェクトを通じて読み書きを行うので，ここでは第 3 引数の有無に関わらず file オブジェクトと表記する．

*5) 刺激のオンセットからの反応時間を正確に計測するならば，この時点よりも刺激を描画する最初の flip() に合わせて reset() する方が望ましい．2.4.1 項 (p.90) の解説および 2.5 節のサンプルコード参照.

表 **2.5** キー名一覧

キー名	対応キー	キー名	対応キー	キー名	対応キー
escape	ESC キー	f1	F1	a	A
pageup	PageUp キー	f2	F2	b	B
pagedown	PageDown キー	f3	F3	c	C
end	End キー	f4	F4	d	D
home	Home キー	f5	F5	e	E
delete	Del キー	f6	F6	f	F
insert	Ins キー	f7	F7	g	G
backspace	バックスペースキー	f8	F8	h	H
tab	タブキー	f9	F9	i	I
lshift	左シフトキー	f10	F10	j	J
rshift	右シフトキー	f11	F11	k	K
lctrl	左 Ctrl キー	f12	F12	l	L
rctrl	右 Ctrl キー	minus	-	m	M
lalt	左 Alt キー	asciicircum	&	n	N
ralt	右 Alt キー	backslash	\	o	O
left	←	bracketleft	[	p	P
down	↓	bracketright	]	q	Q
right	→	semicolon	;	r	R
up	↑	colon	:	s	S
num_0	0 (テンキー)	comma	,	t	T
num_1	1 (テンキー)	period	.	u	U
num_2	2 (テンキー)	slash	/	v	V
num_3	3 (テンキー)	at	@	w	W
num_4	4 (テンキー)	return	Enter キー	x	X
num_5	5 (テンキー)	1	1	y	Y
num_6	6 (テンキー)	2	2	z	Z
num_7	7 (テンキー)	3	3		
num_8	8 (テンキー)	4	4		
num_9	9 (テンキー)	5	5		
num_add	+ (テンキー)	6	6		
num_subtract	- (テンキー)	7	7		
num_multiply	* (テンキー)	8	8		
num_divide	/ (テンキー)	9	9		
num_decimal	. (テンキー)	0	0		

トが得られる．戻り値が空であるか否かは「`[]` と比較する」，「シーケンスの長さを返す関数 `len()` の戻り値が 0 であることを確認する」などの方法で確認できる．

5〜6 行目は `timeStamped` が指定されなかった場合の戻り値で，押されたキーのキー名が文字列として列挙されている．キー名の一覧は表 2.5 参照のこと．`timeStamped` を指定すると，9〜10 行目のようにキー名と押された時の `Clock` オブジェクトの値を並べたタプルが押されたキーの数だけ列挙されたリストが得られる．コード 2.3 の 28 行目の `getKeys()` の戻り値はこの形式である．

以上を踏まえて 29 行目から始まる for 文を確認する．keys が空でなければ keys からタプルが取り出されて key に格納される．30 行目の if 文により，タプルのインデックス 0 に格納されたキー名が'left' または'right' であるか判定される．結果が True であれば，31～32 行目が実行される．31 行目は file オブジェクトの write() メソッドを使ってキー名と時刻をファイルに出力している．23 行目で csv 形式のファイルとして開いたので，値をカンマ区切りで出力していることに注意してほしい．32 行目では waiting_keypress を False にする．これによって，次に 27 行目の while 文へ戻った際に繰り返しが終了される．キー押しを出力したらそれ以上キーをチェックする意味はないので，33 行目の break で for 文を中断する．

34～38 行目は刺激の描画処理であり，すでに解説済みである．最後の 40 行目では，file オブジェクトの close() メソッドを用いてファイルを閉じている．あるアプリケーションがファイルを書き込み用に開いていると，OS はファイルを保護するために他のアプリケーションからこのファイルへの操作を制限する．close() を実行することによって，OS にこの制限を解除させることができる．close() した後は再び open() しないと読み書きができないので注意すること．スクリプトの実行終了時に閉じられていない file オブジェクトは自動的に閉じられるが，close() する習慣を付けておくことを勧める [*6)]．

以上でコード 2.3 の解説は終了である．実行すると画面上に刺激が提示され，カーソルキーの左右いずれかを押すと終了する．カレントディレクトリに data.csv というファイルが作成されていて，押したキーのキー名と反応時間が小数点 3 桁まで出力されていることを確認すること．

■ 練 習 問 題

1）timeStamped を使わずに getKeys() を呼び出した場合，シーケンスに対する in 演算子 (1.3.2 項) を用いれば for 文を用いずに目的のキーが戻り値に含まれているかを判定することができる．コード 2.3 を書き換えて，この方法でキー押しを検出して記録するようにせよ．ただし，キー押し時刻の値が得られないため write() ではキー名のみを出力すること．

2）キー押し時刻をミリ秒の単位に変換して，小数点第 1 位まで出力するようにコード 2.3 を書き換えよ．

2.2.4 パラメータを無作為に変更した試行の繰り返し (恒常法)

2.2.3 項では明度対比の刺激を 1 つ提示し，キー押しを検出して結果をファイルに記録した．実際の心理学実験では，このような手続きを刺激のパラメータを変更しな

---

*6) 確実にファイルを閉じるには 2.3.2 項の with 構文 (p.55) が有効である．

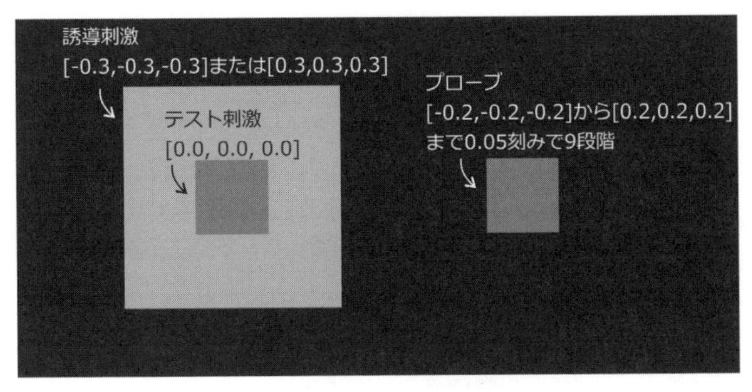

図 2.9　2.2.4 項で作成する実験

がら繰り返すことが多い．本項では，前項のコード 2.3 を書き換えて，誘導刺激の色を `[-0.3,-0.3,-0.3]` および `[0.3,0.3,0.3]`，プローブの色を `[-0.2,-0.2,-0.2]` から `[0.2,0.2,0.2]` まで 0.05 刻みで 9 段階に変化させる (図 2.9)．そして，すべての組み合わせに対して無作為な順序で 5 回ずつ反応を計測する (恒常法)．PsychoPy にはこのような実験手続きを制御するための `psychopy.data.ExperimentHandler` や `psychopy.data.TrialHandler` といったクラスがあるが，これらのクラスに相当するものが Matlab + Psychtoolbox といった他の開発環境にないため，それらの開発環境から PsychoPy へ移行する際にかえってわかりにくかったという意見がある．将来的に他の開発環境へ移行する必要が生じた時のことも考えると，他の開発環境でも通用する手法を身に付けるメリットは大きい．以上の点を考慮して，本書では `for` 文や `while` 文といった多くのプログラミング言語で使用できる制御文を用いて実験を作成する．`psychopy.data` モジュールについては A.6.3 で補足する．

コード 2.4 が書き換え後のコードである．コード 2.3 からの変更部分にコメントを記入している．ポイントは 8〜20 行目と，34 行目の `for` 文，そして 63〜64 行目である．本項では以下の点を解説する．

1）各試行で変更するパラメータを並べたリスト (条件リスト) を作成する．

2）リストの順番を無作為に並べ替える．

3）パラメータを変更しながら試行を繰り返す．

4）フルスクリーンモードを使用する．

5）フルスクリーンモードでも簡単に実験を中断できるようにする．

6）スクリーンを更新せずに指定された時間が経過するかキーが押されるまで待つ．

各試行で使用するパラメータを並べたリストを最初に作成しておき，`for` 文で 1 試行ずつパラメータを取り出しながらコード 2.3 の処理を行うというのが基本的な方針である．図 2.10 に変更の概要を示す．

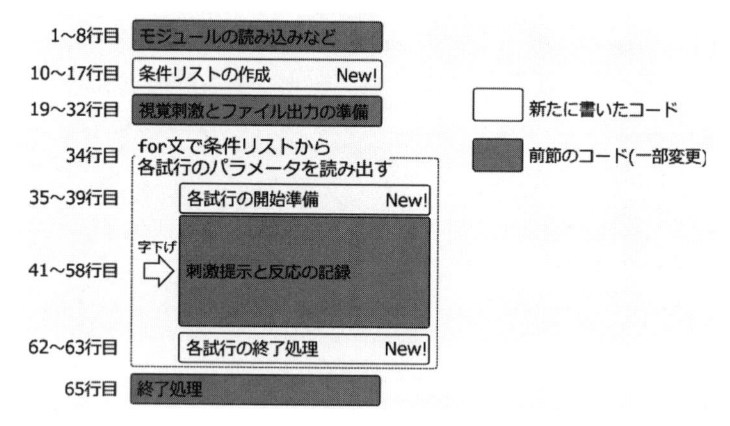

図 **2.10** コード変更の概要

コード **2.4** パラメータを無作為に変更した試行の繰り返し

```
1  #coding:utf-8
2  from __future__ import division
3  from __future__ import unicode_literals
4  import psychopy.visual
5  import psychopy.event
6  import psychopy.core
7  import codecs
8  import random # 疑似乱数の発生や無作為な並び替えなどを行う
9
10 conditions = [] # 空リストを用意しappend()で条件を加えていく
11 for stim1_lum in [-0.3, 0.3]:
12     for probe_lum_index in range(9):
13         probe_lum = 0.05*(probe_lum_index-4)
14         conditions.append([stim1_lum, probe_lum])
15
16 conditions *= 5 # リストの内容を 5回繰り返す
17 random.shuffle(conditions) # 無作為な順序に並び替える
18
19 win = psychopy.visual.Window(fullscr=True,
20     monitor='defaultMonitor', units='cm', color='black')
21 clock = psychopy.core.Clock()
22
23 stim1 = psychopy.visual.Rect( # fillColor は各試行開始時に指定する
24     win, width=6.0, height=6.0, pos=[-4,0], lineColor=None)
25 stim2 = psychopy.visual.Rect( # stim2 の fillColor は固定
26     win, width=3.0, height=3.0, pos=[-4,0],
27     lineColor=None, fillColor=[0.0, 0.0, 0.0])
28 probe = psychopy.visual.Rect(
29     win, width=3.0, height=3.0, pos=[4,0], lineColor=None)
30
31 datafile = codecs.open('data.csv','w','utf-8')
32 datafile.write('Stim1,Probe,Response,RT\n') # ヘッダを出力しておく
```

```
33
34 for condition in conditions: # conditions から各試行の条件を取り出す
35     # 刺激色を更新する
36     stim1_lum = condition[0]
37     probe_lum = condition[1]
38     stim1.setFillColor([stim1_lum, stim1_lum, stim1_lum])
39     probe.setFillColor([probe_lum, probe_lum, probe_lum])
40
41     waiting_keypress = True
42     psychopy.event.getKeys() # 試行開始前のキー押しを取得しておく
43     clock.reset()
44     while waiting_keypress:
45         keys = psychopy.event.getKeys(timeStamped=clock)
46         for key in keys:
47             if key[0]=='left' or key[0]=='right':
48                 datafile.write( # 刺激のパラメータと反応を出力
49                     '{:.1f},{:.1f},{},{:.3f}\n'.format(
50                         stim1_lum, probe_lum, key[0], key[1]))
51                 datafile.flush() # 直ちにファイルに書き出す
52                 waiting_keypress = False
53                 break
54             elif key[0]=='escape': # ESC キーが押された場合は
55                 datafile.close()   # 直ちに終了する
56                 psychopy.core.quit()
57         stim1.draw()
58         stim2.draw()
59         probe.draw()
60
61         win.flip()
62
63     win.flip() # 刺激を消去する
64     psychopy.core.wait(1.0) #1.0秒待つ
65
66 datafile.close() # データファイルを閉じる
```

19〜20 行目では `Window` オブジェクトを作成しているが，新たに `fullscr` という引数に `True` を指定している．これは PsychoPy のウィンドウでスクリーン全体を覆うフルスクリーンモードの使用を指定する引数であり，`True` ならば使用する．デフォルト値は PsychoPy の設定ダイアログの「一般」タブで指定できる．インストール時の初期値は `False` なので，インストール後設定を変更していなければ前項までのコードはすべて通常のウィンドウとして表示されていたはずである．

8〜17 行目では，各試行で用いる刺激のパラメータのリストを作成して，順番を無作為に並べ替えている．8 行目の `random` は，乱数の発生や無作為な並べ替えを行う関数を含むモジュールである．10 行目で空のリスト `conditions` を用意し，11 行目からの `for` 文で `conditions` に各試行における刺激のパラメータを追加している．ここで使われている新しいテクニックは，14 行目の `append()` である．`append()` は，

表 2.6 random モジュールの主な関数

randrange(a,b)	b が省略された場合は 0 以上 a 未満，b が指定された場合は a 以上 b 未満の整数を無作為に返す．
random()	0 以上 1 未満の一様分布乱数から値をひとつ得る．
gauss(m,s)	平均値 m，標準偏差 s の Gauss 分布乱数から値をひとつ得る．
seed(s)	乱数のシードを指定する．s を省略すると OS の現在時刻が用いられる．
choice(s)	s の要素を無作為にひとつ選ぶ．
shuffle(s)	s の要素を無作為な順序に並べ替える．

引数として渡されたデータを呼び出し元のリストの最後尾に追加する．11 行目の for 文で誘導刺激の色を決定し，12 行目の for 文と 13 行目の式でプローブの色を決定しながら append() を繰り返すことによって，リストにパラメータを追加していく．12 行目の for 文で 9 組のパラメータが追加され，11 行目の for 文によって 12 行目の for 文が 2 回繰り返されるので，最終的に 18 組のパラメータを含むリストとなる．

以上で刺激パラメータの組み合わせを網羅したリストが完成した．今回はそれぞれの組み合わせについて 5 試行実施するので，ここから各組み合わせを 5 回含む要素数 90 のリストを作成しなければならない．この作業はリストと整数の積 (1.3.2 項) を使用すれば 16 行目のように簡潔に書ける．

最後に「無作為な順序」にパラメータの組を並べ替えるのが 17 行目の random.shuffle() である．この関数は，引数に与えられたリストの順序を無作為に並べ替える．戻り値は返さない．引数に与えたリストの元の順番は復元できないので注意すること．random モジュールの主な関数を表 2.6 に示す．いずれも実験において無作為に値を決める必要がある時に便利である．

表 2.6 の「乱数のシード」というのは乱数計算のパラメータのことである．コンピュータの乱数は計算によって生成されるため，同一のパラメータ (シード) を用いて計算すると同一の乱数が得られる．この性質から，疑似乱数と呼ばれることもある．シードの指定を省略すると OS の現在時刻がシードとして用いられるため，シードを指定しなければ毎回異なる結果が得られる．したがって通常はシードを指定する必要はないが，実験プログラムを後日再び実行する際に，以前と同じ乱数で実行したい場合は 2.3.6 項 (p.77) の方法を用いてシードを指定できるようにしておいて，使用したシードを記録しておけばよい．

以上で条件リストが完成したので，後は for 文で conditions からパラメータを取り出しながら 2.2.3 項と同様の処理を繰り返せばよい．34 行目の for 文で condition に次の試行のパラメータを代入し，36〜37 行目で stim1_lum と probe_lum に代入している．これらの値を用いて 38〜39 行目で stim1 と probe の色を更新している．

41〜61 行目の処理はほぼ 2.2.3 項と同一だが，48 行目の write() で反応を出力する際に，実験後のデータ解析のために刺激のパラメータも出力している．新たに追加されたのは 51 行目の flush() である．flush() は write() で書き出したデータを直ちにディスクに書き込むメソッドである．write() はファイルへの書き込みを行うメソッドだと前項で述べたが，実際のファイルへの書き込みは OS が管理していて，write() は単に OS へ書き込みを行うように要求を出しているだけである．したがって，万一不測の事態で PC がクラッシュして再起動したりすると，write() したはずのデータがファイルに書き込まれておらず失われる危険がある．重要なデータを書き出した後は flush() を行うようにしておけば，不測の事態でスクリプトが停止した場合でも，flush() に write() したデータは保存されている．ただし，flush() を呼ぶと OS が書き込みを行うまでわずかな時間ではあるがスクリプトの処理が止まる場合があるので，時間的に高い精度が求められる時には呼ぶべきではない．このサンプルコードのように，参加者の反応時間を計測し終えた後で次の試行へ進む前であれば問題となることはないだろう．

54 行目以降は ESC キーを押すことによって実験を中断するための処理である．45 行目でカーソルキーの左右がどちらも keys に含まれていなければ，54 行目の elif 文が処理される．ESC キーが押されていれば条件式が True となり，55 行目でファイルを閉じて 56 行目で quit() を実行してスクリプトを終了する．以上の処理により，ウィンドウがフルスクリーンモードで Coder の停止ボタンが押せない場合でも ESC キーを押せば実験を中断できる．

最後に，63〜64 行目では次の試行に進むまで 1 秒間の間隔を置くために新しいテクニックを使用している．これらの行は 44 行目の while 文と同じ字下げなので，参加者がキーを押した後に実行される．63 行目は繰り返し終了後に何も draw() せずに flip() しているので，刺激はすべて消去される．64 行目の psychopy.core.wait() は，引数で指定した秒数経過するのを待つ関数である．結果として，反応後に 1 秒間，空白の画面が提示される．この処理を行わないと，2 試行同じテスト刺激が続いた時に，実験参加者には新たな試行が始まったことが判断できない．2.2.1 項で述べた通り，人間にとって「何もせずに待つ」間にもウィンドウは OS に応答しなければならないのだが，wait() を用いると自動的に OS への応答が行われる．

なお，このように試行間間隔を置くと，参加者が次の試行を待っている間にキーを押してしまうというトラブルが生じうる．このキー押しイベントは次の試行の開始直後の getKeys() で取得されてしまうため，開始直後に反応したと判定されてしまう．この問題を避けるために，試行開始直後の 42 行目で getKeys() を実行して待ち時間の間のキー押しイベントを取得している．戻り値は特に利用しないので，変数に代入する必要はない．

wait() と似た働きをする関数に，psychopy.event.waitKeys() がある．こちらはキーボードのキーが押されるまで OS への応答をしながら待つ．引数を指定せずに

	A	B	C	D	E
1	Stim1	Probe	Response	RT	
2	0.3	0.2	right	2.639	
3	0.3	0.2	right	1.233	
4	−0.3	−0.2	left	0.685	
5	0.3	0.1	right	1.911	
6	0.3	0.2	right	0.981	

図 2.11 コード 2.4 によって記録された実験データ

実行すると何かキーが押されるまで永遠に待つが，引数 `maxWait` で秒数を指定すると指定された時間だけ待つ．`getKeys()` 同様に引数 `timeStamped` を指定すると反応時間の計測も可能である．また，引数 `keyList` にキー名を列挙したリストを指定すると，列挙されたキーのいずれかが押されるまで待つ．`keyList` は `getKeys()` でも使用することができる．戻り値は `getKeys()` と同様だが，`maxWait` で指定した間にキー押しがなかった場合は `None` が返される．

以上で重要なポイントの解説は終了である．本項までの内容で，簡単な恒常法の手続きの実験を作成できるようになった．一度コード 2.4 を実行して，作成された data.csv の内容を確認すること．Microsoft Excel や LibreOffice Calc のような表計算アプリケーションで開くと図 2.11 のように 1 行目に列ラベルが出力され，2 行目以降に刺激のパラメータと反応が記録されているはずである．1 行目のラベルはコード 2.4 の 32 行目で出力されたものである．このようなラベルを付けておくと後の分析で便利である．

■ 練 習 問 題

1）実験結果から，誘導刺激の明るさが −0.3 の条件と 0.3 の条件別に，横軸に右側のプローブの明るさ，縦軸にカーソルキーの右を押した割合をプロットして比較せよ．

2）誘導刺激の明るさが −1.0，−0.3，0.3 の 3 種類，プローブの明るさが −0.24 から 0.08 間隔で 0.24 までの 7 種類になるようにコード 2.4 を変更せよ．

3）コード 2.4 の 64 行目の `psychopy.core.wait()` を `psychopy.event.waitKeys()` に変更し，スペースキーが押されるまで待つようにせよ．さらに，「スペースキーを押してください」とスクリーン上にメッセージを描画するコードを追加せよ．メッセージの文字の大きさや位置は問わない．

4）コード 2.4 の 63 行目の `flip()` をコメント化して実行し，この処理の効果を確認せよ．続いて 63 行目の `flip()` を元に戻して 64 行目の `wait()` を削コメント化して実行し，この処理の効果を確認せよ．

5）コード 2.4 の 42 行目をコメント化して実行し，反応時に素早く 2〜3 回キーを叩くと次試行の刺激が出現した直後に反応が検出されて刺激が消えてしまうことを確認せよ．続いて 42 行目を元に戻して実行し，今度は反応時に素早く 2〜

3 回キーを叩いてもこの問題が生じないことを確認せよ.

2.3　一歩進んだ PsychoPy の使い方

本節では，PsychoPy の機能を用いて様々な実験を作成するための手法を解説する. 本節以降，サンプルコードのタイトルに「(抜粋)」と書いてあるものは，解説する手法の中心的なコードのみを抜粋して示しているので，そのまま PsychoPy Coder に入力しても動作しない. 練習も兼ねて前節までの解説を参考に，必要なパッケージを import してウィンドウの準備や刺激描画などのコードを追加すること.

2.3.1　実験のブロック化

2.2.4 項ではすべてのパラメータを試行毎に無作為に並べ替えたが，実験の目的によっては「パラメータ A はブロックを通じて固定したいが，パラメータ B は無作為に変化させたい」場合がある. 条件リストの構造を工夫すると，このような実験にも簡単に対応できる. コード 2.5 は，2.2.4 項の実験 (コード 2.4，p.45) を図 2.12 のようにブロック化する条件リストを作成する. 各ブロック内では誘導刺激のパラメータを固定したまま，プローブ 9 種類の試行を 5 回無作為な順に繰り返される. コード 2.4 の 10〜17 行目と比較しやすいように，変数名もコード 2.4 と揃えている.

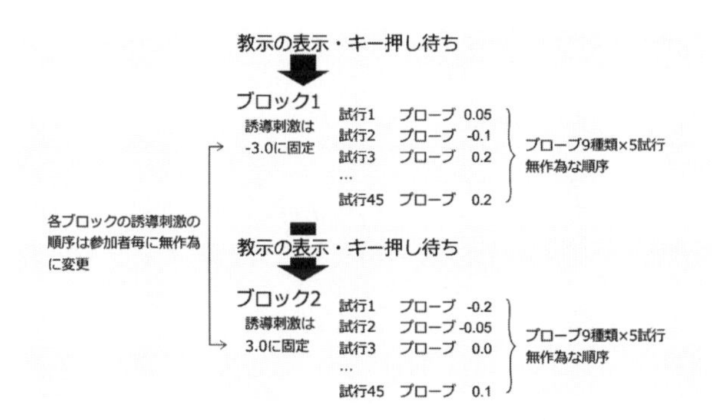

図 2.12　実験のブロック化. 誘導刺激の明るさは各ブロック内で固定し，プローブの明るさのみが無作為に変化する.

コード 2.5　ブロック内で誘導刺激のパラメータを固定してプローブのパラメータを無作為に変化させる例 (抜粋)

```
1 conditions = []
2 for stim1_lum in [-0.3, 0.3]:
3     tmp_conditions = []
4     for probe_lum_index in range(9):
5         probe_lum = 0.05*(probe_lum_index-4)
```

```
 6            tmp_conditions.append(probe_lum)
 7        tmp_conditions *= 5
 8        random.shuffle(tmp_conditions)
 9        conditions.append([stim1_lum, tmp_conditions])
10  random.shuffle(conditions) # ブロックの順序も無作為化したい場合
```

コード 2.5 のポイントは，ブロックにおける各試行のプローブのパラメータを並べた tmp_condition というリストを用意している点である．これを 7 行目で shuffle() してから 8 行目で誘導刺激のパラメータと一緒に conditions に追加することによって，以下のような形のリストが得られる．

```
[[-0.3, [0.05, 0,1, ..., -0.05]], # プローブのパラメータは 45個の
 [ 0.3, [-0.1, 0.05, ..., -0.2]]] # 値が並ぶので中略
```

コード 2.5 の 10 行目で conditnos に shuffle() を行うことによって，どちらのブロックを先に実施するかも無作為化している．「誘導刺激の順番は固定したい」という場合は 2 行目の for 文に与えるリストで誘導刺激の順番を指定して，10 行目を削除すればよい．

コード 2.5 で作成した条件リストを使用するように前節のコード 2.4 を修正するには，以下のように for 文を多重化すればよい．stim1 の色はブロック内では変化しないので，ブロック内で試行を繰り返す for 文の前に更新しておくとよい．

```
for condition in conditions: # ブロックを繰り返すfor 文
    # ブロックの冒頭で教示を表示したりキー押しを待ったりする
    # この例は何も表示せずキー押しを待つ
    win.flip()
    psychopy.event.waitKeys()

    stim1_lum = condition[0]
    stim1.setFillColor([stim1_lum, stim1_lum, stim1_lum])
    for probe_lum in condition[1]: # ブロック内試行を繰り返すfor 文
        probe.setFillColor([probe_lum, probe_lum, probe_lum])

        # 以下省略
```

コード 2.5 では特定のパラメータ (誘導刺激の色) でブロック化したが，単に試行数が多すぎるのでブロックに分割したい場合もある．コード 2.5 の方法でブロック化するとブロック間で各パラメータの組み合わせが出現する回数が均等になるが，ブロックをまたいで無作為化したい場合もあるだろう．そのような場合は，まず全試行の条件リストを作成し，その後にブロックに分割すればよい．以下のコード 2.6 では全 90 試行 (18 条件 $\times$ 5 回繰り返し) を 30 試行のブロック 3 つに分割している．

コード 2.6　長すぎる条件リストを複数ブロックに分割する例 (抜粋)

```
1  conditions = []
2  for stim1_lum in [-0.3, 0.3]:
```

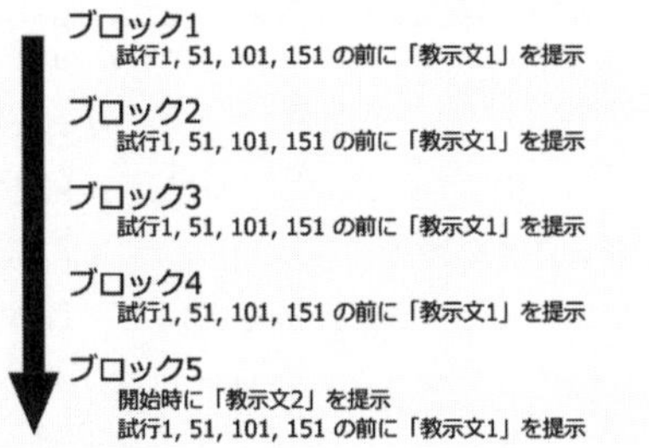

ブロック1
試行1, 51, 101, 151 の前に「教示文1」を提示
ブロック2
試行1, 51, 101, 151 の前に「教示文1」を提示
ブロック3
試行1, 51, 101, 151 の前に「教示文1」を提示
ブロック4
試行1, 51, 101, 151 の前に「教示文1」を提示
ブロック5
開始時に「教示文2」を提示
試行1, 51, 101, 151 の前に「教示文1」を提示

図 **2.13** 特定の試行およびブロックにのみメッセージを表示する.

```
    for probe_lum_index in range(9):
        probe_lum = 0.05*(probe_lum_index-4)
        conditions.append([stim1_lum, probe_lum])
conditions *= 5
random.shuffle(conditions) # ここまで前節と同じ

conditions_blocked = []
for i in range(3):
    conditions_blocked.append(conditions[i*30:(i+1)*30])
```

7 行目までは前節のコード 2.4 と同一である．9〜11 行目ではスライス (1.3.1 項) を用いて conditions を 30 試行ずつ分割して conditions_blocked にまとめている．for 文により i に 0, 1, 2 が順番に代入されるので，11 行目で conditions[0:30]，conditions[30:60]，conditions[60:90] が順番に抜き出されて conditions_blocked に追加される．

特定の試行やブロックの開始時だけに教示を提示する場合は，条件リストから各試行のパラメータを取り出す際に，for 文の in の後ろに条件リストを置くのではなく，インデックスのシーケンスを置く方が便利な場合がある．例として，「200 試行のブロックを 5 ブロック，合計 1000 試行を行う」という実験で「各ブロックの 50 試行毎に教示文 1 を，最終ブロックの開始時のみ教示文 2 を提示したい」という状況をを考える (図 2.13)．各ブロックのパラメータをまとめた blocks というリストが定義されているとする．blocks は要素数 5 のリストで，各要素は 200 試行分のパラメータをまとめた要素数 200 のリストである．このような場合，for 文の in の後にインデックスのシーケンスを置くと，if 文を使って教示文の提示を制御することができる．

コード **2.7** 試行番号，ブロック番号を利用した動作の指定 (抜粋)

```
for block_index in range(len(blocks)):
    if block_index == 4: # 最終ブロック (5ブロック目)はインデックス 4
        # ここで教示 2文を描画してwaitKeys()などで待つ

    for condition_index in range(len(blocks[block_index])):
        if condition_index % 50 == 0: # 50で割った余りが 0
```

```
7                 # ここで教示文1を描画してwaitKeys()などで待つ
8
9             # ここから各試行の処理
```

コード 2.7 では，len() でリストの要素数を得て，要素数を range() の引数としてリストの各要素のインデックスを順番に並べたリストを得ている．この方法を用いた場合，1 行目の for 文によって block_index に代入されるのは現在のブロックを指すインデックスなので，現在のブロックの各試行のパラメータを並べたリストを得るには 5 行目のように blocks[block_index] と書く必要がある．

ここまで解説してきた例ではすべてパラメータを無作為に並べ替えたが，並び替え時にいくつかの制限が課せられる実験もある．例えば「全試行数の 2/3 は赤，1/3 は緑色の刺激が提示されるが，同じ色の試行が 4 回以上続かないようにした」という手続きである．「同じ色の試行が 4 回以上続かない」という制限があるので shuffle() では達成できない．制限を満たすように並び替えを行う方法を考え出せればよいのだが，よい方法が見つからない場合は以下のように条件に合致するリストが得られるまで無作為な並べ替えを繰り返すという方法が有効である．決してスマートではないが応用範囲が広い方法である．

コード **2.8** 条件付き並び替え (抜粋)

```
1  conditions = ['red','red','green']*20 # 赤 2/3,緑 1/3の 60試行
2  while True:
3      random.shuffle(conditions)
4      found = False
5      for index in range(len(conditions)-3):
6          if conditions[index:index+4].count(conditions[index]) == 4:
7              found = True #赤が 4回連続並んでいる
8              break
9      if not found: # 4回連続同色が見つからない
10         break # while ループを終了
```

コード 2.8 では，3 行目で shuffle() を行った後にリストが条件を満たしているか確認している．具体的には，変数 index を 0 から 1 ずつ増加させながら，conditions[index:index+4] に含まれる 4 個の要素のうち conditions[index] と一致する個数を count() メソッドを用いて数えている．数えた結果が 4 であれば，4 個すべてが同じ値である．4 個連続した場所を一か所でも発見すればそれ以上確認する意味がないので，break で for 文を中断する (6〜8 行目)．9 行目に到達した時点で変数 found が False であれば 4 回以上同じ色が並んでいる場所が存在しないので，10 行目の break で while 文を終了する．True であれば 3 行目の shuffle() からやり直しである．

コード 2.8 は，他によい並べ替えの方法が思いつかない場合の最後の方法である．というのは，このコードは現実的な時間内に終了する保証がないからである．条件を

満たすリストが shuffle() で得られない場合は永遠に終了しない．筆者の Intel Core i7 920 搭載の PC 上でコード 2.8 を 500 回実行したところ，平均 1.3 秒，最大 7.7 秒の時間を要した．この程度であれば実験開始時に参加者を待たせてもよいだろうが，運が悪ければ数分以上待たされる可能性もある．作成するリストが長いほど条件を満たさない可能性が高いので，「リストを分割して作成した後に結合する」，「事前に時間をかけてリストを作成してテキストファイルに出力し，実験時に読み込んで利用する」といった方法を併用するとよいだろう．このような手法に頼らずに並び替えを行うアルゴリズムを考える方がよいのは言うまでもないが，非常手段として覚えておくとよい．

■ 練 習 問 題

1）コード 2.5 の条件リストを用いて実験できるように，2.2.4 項のコード 2.4 を変更せよ．

2）コード 2.7 を参考に，2.2.4 項のコード 2.4 で 30 試行毎に「第 n 試行 準備ができたらカーソルキーの左右いずれかを押して実験を再開してください．」と画面に表示して参加者のキー押しを待つように変更せよ (n は次の試行数)．教示文の位置や大きさは問わない．教示文の途中で改行しても構わない．

2.3.2　テキストファイルへのデータの書き出しと読み込み

前項の最後で「作成した条件リストをテキストファイルへ出力しておき，実験時に読み込む」という方法について述べたが，条件リストの出力には各試行の反応を出力する時と同様に write() を用いればよい．条件リストをファイルに出力する例を 2.9 に示す．このコードは抜粋ではなく単独で動作する．

コード 2.9　条件リストをテキストファイルに出力する

```
 1 #coding:utf-8
 2 from __future__ import division
 3 from __future__ import unicode_literals
 4 import codecs
 5 import random
 6
 7 conditions = []
 8 for stim1_lum in [-0.3, 0.3]:
 9     for probe_lum_index in range(9):
10         probe_lum = 0.05*(probe_lum_index-4)
11         conditions.append([stim1_lum, probe_lum])
12 conditions *= 5
13 random.shuffle(conditions)
14
15 with codecs.open('conditions.csv', 'w', 'utf-8') as fp:
16     for condition in conditions:
17         fp.write('{:.1f},{:.2f}\n'.format(*condition))
```

15 行目に with という未解説の文が用いられているが，これはファイルの読み書きのように確実に終了処理 (=ファイルを閉じる) を行わなければならない時に便利な構文である．with に続く式で作成されたオブジェクトが as に続く変数に代入され，後続の文 (with 文に続く字下げされた文) が実行される．後続の文が終了した時にオブジェクトの終了処理が行われる．15〜17 行目は以下のコードと同等の動作をすると考えればよいが，with 文を使用した場合はエラーが生じてスクリプトの実行が終了した際にも自動的に終了処理が行われるというメリットがある．

```
fp = codecs.open('conditions.csv', 'w', 'utf-8')
for condition in conditions:
    fp.write('{:.1f},{:.2f}\n'.format(*condition))
fp.close() # このclose()が自動化される.
```

このファイルを後で読み込むには，file オブジェクトの読み込みメソッドを用いる．ファイルの内容をすべて読み込む read()，1 行ずつ区切ったリストとして読み込む readlines()，1 行読み込んで待機する readline() などがあるが，file オブジェクトに直接 for 文を適用するのがおすすめである．コード 2.10 はコード 2.9 の出力を読み込む例である．

コード **2.10** コード 2.9 で出力した条件リストを読み込む

```
1  #coding:utf-8
2  from __future__ import division
3  from __future__ import unicode_literals
4  import codecs
5
6  conditions = []
7  with codecs.open('conditions.csv', 'r', 'utf-8') as fp:
8      for line in fp:
9          data = line.rstrip().split(',')
10         conditions.append(float(data[0]), float(data[1]))
11
12 print(conditions)
```

まず 6 行目で読み込んだ結果を格納するための空リストを作成し，conditions に格納しておく，7 行目から with 文を使用してファイルを開き，内容を conditions に追加している．7 行目の open() の第 2 引数が 'r' になっている点に注意すること．2.2.3 項で述べた通り，既存のファイルを開いて読み込む時は 'r' を指定する．誤って 'w' を指定するとファイルの内容が失われてしまう．8〜10 行目が処理の本体である．8 行目のように file オブジェクトに直接 for 文を適用すると，1 行ずつファイルの内容が line に読み込まれる．最後の行を読み終えると for 文は終了する．9 行目では，読み込んだ行からデータを取り出している．line の内容は '-0.3,-0.15\n' といった改行文字付きの文字列なので，行末の改行文字を取り除いてからカンマ区切りで列挙されたデータを復元しなければならない．rstrip() は行末の改行文字や空白文字を取り除く

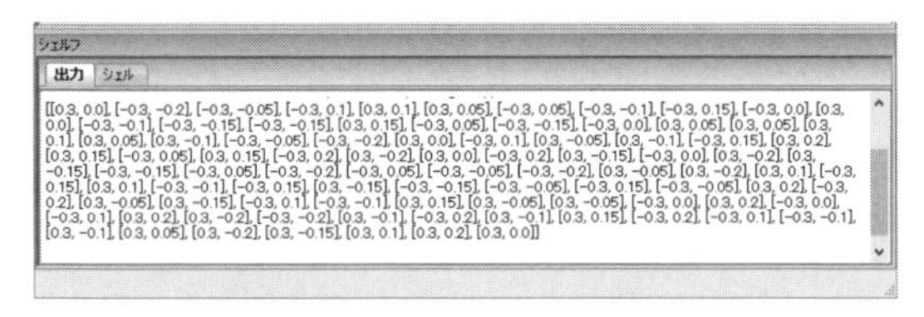

図 **2.14** コード 2.10 の実行例.

メソッドで，今回の目的に最適である [*7]．`split()` は引数に与えた文字 (区切り文字) の位置で文字列を分割したリストを返すメソッドである．`'-0.3,-0.15'.split(',')` は `['-0.3','-0.15']` である．区切り文字そのものは削除されるので注意すること．`split()` の引数を変更すれば，カンマ以外の文字で区切られているファイルにも柔軟に対応できる．

10 行目では，区切り文字の位置で分割されたリストを `conditions` に追加している．`split()` で返されるリストの要素はすべて文字列なので，数値として利用したい場合は `float()` や `int()` を用いて変換する必要がある．今回の例ではすべて浮動小数点数なので `float()` を用いている．もちろん元が文字列型の場合は変換は不要である．10 行目で処理は終了だが，これでは正しく conditions.csv の内容が読み込まれたか確認できないので，12 行目で `print()` 文を用いて `conditions` の内容を出力している．今回の例では数値しか出力されないので，PsychoPy Coder で実行しても問題は生じない．図 2.14 に PyschoPy Coder で実行した場合の出力例を示す．conditions.csv の内容と出力を見比べて，正しく読み込まれていることを確認すること．

なお，csv 形式のファイルの読み込みには 3.2 節で紹介する pandas を用いることもできる．十分なプログラミング技術があれば本項の方法の方が様々な状況に柔軟に対応できるが，読み込んだデータを解析する際には pandas の方が便利である．状況に応じて使い分けるとよいだろう．

■ **練 習 問 題**

1) コード 2.9 およびコード 2.10 を変更し，カンマの代わりにタブを区切り文字として用いるようにせよ．それぞれのコードで ‘`,`’ で区切っていた部分を ‘`\t`’ に変更すればよい．タブを区切り文字とした場合は csv 形式ではなくなるので，ファイル名は conditions.txt とすること．

2.3.3 反応に基づいた処理の分岐

前項までは参加者のキー押し反応をそのままファイルに記録していたが，実験によっ

[*7] `rstrip()` の `r` は右端を表し，文字列の右端 (=行末) から改行文字等を取り除く．左端から取り除くのは `lstrip()`，両端から取り除くのは `strip()` である．

ては反応の内容に応じて処理の内容を変更したい場合がある．最も単純な例は，「現在スクリーン上に提示されている刺激が，先に記銘した刺激セットに含まれていればテンキーの 1，含まれていなければテンキーの 3 を押す」といった課題のように反応の「正誤」がある実験である．反応をファイルに記録する際に，正答であれば 1，誤答であれば 0 を出力しておけば，実験終了後にこの値の平均値を計算すれば直ちに正答率が得られる．このような処理はキー押しイベントの検出後に if 文を使って記述すればよい．コード 2.11 に例を示す．

コード 2.11　反応の正誤の記録 (抜粋)

```
1  for condition in conditions:
2      # 試行開始時に刺激のパラメータ取り出しと同時に正答のキー名を
3      # 変数correct_resp に登録しておく
4      # この例ではcondition[1]に現試行の正答キー名が格納されているとする
5      correct_resp = condition[1]
6      stim_shape = condition[0]
7
8      in_trial = True
9      while in_trial:
10         keys = psychopy.event.getKeys(
11             keyList=['num_1', 'num_3', 'escape'])
12         if 'escape' in keys: # ESC が押されていたら直ちに実験を終了
13             # ここに終了のための処理を書く
14         elif correct_resp in keys: # 正答キーが押されている
15             darafile.write('{},1\n'.format(stim_shape))
16             in_trial = False # ループを抜ける
17         else:
18             darafile.write('{},0\n'.format(stim_shape))
19             in_trial = False # ループを抜ける
```

この例では，conditions に各試行で提示する刺激のパラメータと正答キー名が格納されているという想定で，現試行の値を 5〜6 行目でそれぞれ stim_shape と correct_resp という変数に格納している．9 行目で getKeys() を実行した後，11 行目からの if 文で押されたキーに応じて処理を分岐している．まず ESC キーが押されていたら実験を直ちに終了する (12〜13 行目)．ESC が押されていなければ，correct_resp に格納された名前のキーが押されていたかを確認する (14 行目)．押されていれば，正答の時の記録をファイルに出力する．ここでは stim_shape の値と，正答を表す 1 という値を出力している (15 行目)．そして 9 行目の while 文を抜けるために in_trial を False にしている (16 行目)．17 行目の else に到達した場合は，キーが押されたが ESC キーでも正答のキーでもないので，誤答として記録をファイルに出力し，ループを抜けている．この if 文のポイントは，9 行目の getKeys() の引数 keyList で ESC キー，テンキーの 1，テンキーの 3 のみを検出するように制限している点である．もし keyList を指定していなければ，17 行目は elif にして「誤答のキーが押された」ことを判定する必要がある．

続いてもう少し複雑な分岐の例を挙げよう．コード 2.12 では参加者にキー押し課題を行わせて反応の正誤を記録し，直近の 5 回の反応が 20 秒以内に行われていて正答率が 80%以上であれば終了するという想定でコードの骨組みを示している．注目すべき点は 1〜2 行目で `tf_list`，`rt_list` という空リストを用意していること，15 行目からのコメントの部分でこれらのリストに反応の正誤と反応時間を `append()` した後に試行を終了すること，そして 21 行目以降の処理である．

コード **2.12**　参加者の反応に基づいた繰り返しの終了判定 (抜粋)

```
1  tf_list = [] # 反応の正誤を記録する
2  rt_list = [] # キー押し時刻を記録する
3  in_block = True
4  clock = psychopy.core.Clock()
5  while in_block:
6      # ここで試行のパラメータを準備する
7
8      in_trial = True
9      clock.reset() # reset のタイミングは実験の内容による
10     while in_trial: # 試行開始
11         # ここで刺激の描画などをする
12
13         keys = psychopy.event.getKeys(timeStamped=clock)
14             for key in keys:
15                 # 以下のように反応の正誤 (True/False)をtf_list
16                 # キー押し時刻をrt_list に記録
17                 # tf_list.append(True)
18                 # rt_list.append(key[1])
19                 in_trial = False # 試行を終了する
20
21     if len(rt_list)>=5 and clock.getTime()-rt_list[-5]<=20:
22         if tf_list[-5:].count(True)>=4:
23             in_block = False
```

21 行目では，まず直近の 5 反応が 20 秒以内に行われていることを判定している．まず `and` の左辺では，`len(rt_list)>=5` は 5 回以上反応が記録されていることを確認している．続いて `and` の右辺では，現在の時刻 `getTime()` と 5 回前の反応の反応時刻である `rt_list[-5]` の差が 20 以下かを確認している．20 以下であれば，直近の 5 反応が 20 秒以内に行われている．ここで注意しておきたいのは，`and` の左右の式の順番である．Python は論理演算子の左辺から評価し，その時点で論理値が確定したら右辺の評価は時間の無駄なので行わない．`a and b` で `a` が `False` であった場合や `a or b` で `a` が `True` であった場合などがこれに相当する．これを踏まえたうえで 21 行目を振り返ると，右辺では `rt_list[-5]` という負のインデックスが用いられているが，反応回数が 5 回未満であれば `rt_list[-5]` は存在しないため，Python の実行エラーとなり直ちにスクリプトの実行が停止してしまう．ところが `and` の左辺に

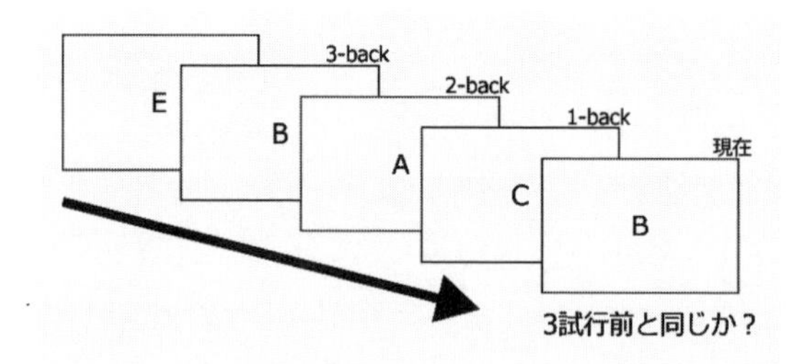

図 2.15 N-back 課題．N 試行前の刺激によって現在の試行の正答が変化する (N=3 の例)．

`len(rt_list)>=5` が左辺に置かれているので，反応回数が 5 回未満の場合は `and` の右辺は実行されない．したがって，21 行目はエラーを起こすことなく実行することができる．左辺から評価されるという論理演算子の性質は覚えておくべきである．自信がなければ以下のように 2 つの `if` 文に分割すればよい．

```
if len(rt_list)>=5: # まず 5試行以上あることを確認する
    if clock.getTime()-rt_list[-5]<=20:
        if tf_list[-5:].count(True)>=4:
            in_block = False
```

22 行目の `if` 文では，直近の反応 5 回の正答率が 80%(5 回中 4 回正答) 以上であることを判定している．スライスと負のインデックスを組み合わせて直近の 5 回分の反応を取り出し，`True` の個数が 4 個以上であるか判定している．21 行目ですでに 5 回以上反応があることを確認しているので，反応回数が 5 回未満である可能性を考慮せずにスライスを使用できる．

さらに複雑な例として，コード 2.13 に N-back 課題を実現するためのコードの骨組みを示す．ここでは画面上にアルファベット A〜E のいずれかが 1 文字ずつ無作為に提示され，現在提示されている文字が 3 試行前と同一であるか否かを二者択一で反応するものとする (図 2.15)．N-back 課題では最初の N 試行を行う前後で処理が異なったり，N 試行前と現在の試行の刺激が等しいか否かで参加者の反応に対する処理が異なったりするが，前項で特定の試行およびブロックにのみメッセージを表示する例 (コード 2.7) を紹介した際に用いた「条件リストのインデックスのシーケンス」を用いると `if` 文で容易に場合分けできる．

コード 2.13 N-back 課題 (抜粋)

```
1 conditions = ['A','B','C','D','E']*25
2 random.shuffle(conditions)
3 n_back = 3 # N の設定 (この例では 3-back)
4
5 for condition_index in range(len(conditions)):
6     # ここで刺激描画やキー押しイベントの取得などを行う
```

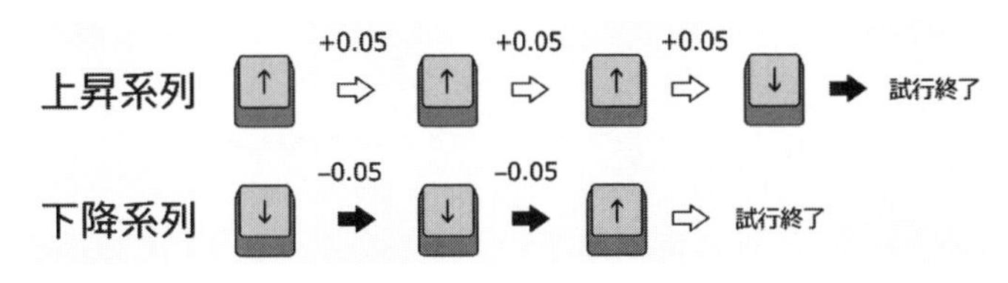

図 **2.16**　極限法の手続きに変更する．

```
7
8       if condition_index < n_back:
9           # N 試行経過していない場合の処理
10      else:
11          if conditions[
12              condition_index-n_back] == conditions[condition_index]:
13              # N 試行前と等しい場合の処理
14          else:
15              # N 試行前と異なる場合の処理
```

この例では，現在の試行のインデックスが `condition_index` に格納されている．N 試行前のパラメータを得るにはインデックスから N を引けばよい．3 行目で変数 `n_back` に N の値を設定し，8 行目でまず N 試行経過しているか否かを判定している．N 試行経過している場合は 10 行目の `else` が処理され，11 行目からの `if` 文で N 試行前と現在の試行のパラメータが一致しているか否かで処理を分岐している．13 行目，15 行目の部分でそれぞれ適切な反応が行われたかを判定して記録すればよい．

最後に，コード 2.12 を参考にしながら 2.2.4 項の恒常法の実験 (コード 2.4) を極限法の実験に変更してみよう．まず，変更する必要がある点を整理する (図 2.16)．

1）現在の試行が上昇系列か下降系列を区別できる必要がある．条件リストに値を追加するとよいだろう．下降系列の試行には `'down'`，上昇系列の試行には `'up'` という値を追加するとする．

2）誘導刺激の色 (0.3 または −0.3)，背景色，刺激の大きさ，位置等はそのまま利用する．上昇系列，下降系列の順序は無作為化し，反応にはカーソルキーの上下 (それぞれ値の増加，減少に対応) を利用するものとする．カーソルキーの上下のキー名は'up'，'down' であり，条件リストに追加された「現在の系列を示す値」と一致するため参加者のキー押し判定が簡単になることが期待できる．

3）条件リストの「プローブの色」は試行開始時の明るさに対応させることにする．試行開始時はテスト刺激より「明らかに明るい (下降系列)」または「明らかに暗い (上昇系列)」色でなければならないので，変更する必要がある．今回は「明らかに明るい」を 0.8，「明らかに暗い」を −0.8 としよう．

4）極限法の手続きでは，参加者の判断が変化するまで一定のステップで刺激を変化させるので，1 ステップの変更量を決定する必要がある．今回は 0.05 ずつ変化させるものとする．

5）参加者の反応に基づいて，さらに刺激を変化させるか，現在の系列を打ち切って次の試行へ向かうかを判定する必要がある．この処理はコード 2.12 が参考となるはずである．

6）反応時間の計測と ESC キーによる終了は省略する．系列の終了時には誘導刺激の色，開始時のプローブ色，1 ステップの変化量，終了時のプローブ色をファイルに出力する．

まず，条件リストの変更から考える．元となるコード 2.4 の条件リスト作成部分は以下の通りである．

```
conditions = [] # 空リストを用意しappend()で条件を加えていく
for stim1_lum in [-0.3, 0.3]:
    for probe_lum_index in range(9):
        probe_lum = 0.05*(probe_lum_index-4)
        conditions.append([stim1_lum, probe_lum])
```

まず，プローブ色 (probe_lum) を変更しよう．今回は値が −0.8 と 0.8 の 2 種類しかないので，probe_lum_index という変数を利用して計算しなくても以下のように列挙すればよいだろう．

```
for stim1_lum in [-0.3, 0.3]:
    for probe_lum in [-0.8, 0.8]: # 直接 [-0.8, 0.8]からprobe_lum へ
        conditions.append([stim1_lum, probe_lum])
```

probe_lum が 0.8 である試行は下降系列，−0.8 である試行は上昇系列なのだから，ここで 'up'，'down' の追加も済ませるとよいだろう．いろいろな書き方ができるが，ここでは if 文を使う [*8]．

```
for stim1_lum in [-0.3, 0.3]:
    for probe_lum in [-0.8, 0.8]:
        if probe_lum == -0.8:
            series = 'up'
        else:
            series = 'down'
        conditions.append([stim1_lum, probe_lum, series])
```

以上で条件リストの準備は完了である．conditions の要素数は 4 である．元となるコード 2.4 ではこの後 conditions の内容を 5 回繰り返してから shuffle() するので，合計 20 試行となる．続いて各試行開始時に誘導刺激とプローブの色を決定する部分だが，ここでは上昇・下降系列の情報を取り出しておく必要がある (変数 series とする)．ついでに，プローブの変化量もここで step という変数に設定しておこう．

[*8] 2 条件しかないので for 文を使わずに全条件をそのまま書いた方が少ない行数で済むが，ここでは例としてあえて for 文と if 文を用いる．

```
    stim1_lum = condition[0]
    probe_lum = condition[1]
    stim1.setFillColor([stim1_lum, stim1_lum, stim1_lum])
    probe.setFillColor([probe_lum, probe_lum, probe_lum])
    series = condition[2]  # この行以降を追加
    if series == 'down':   # 下降系列
        step = -0.05       # 変化量はマイナス
    else:                  # 上昇系列
        step = 0.05        # 変化量はプラス
```

続いて刺激の提示とキー押し検出の処理だが，ここはコード 2.12 を参考にしながら大胆に書き換える必要がある．コード 2.12 から処理の流れを制御する文だけを抜き出して字下げを整えると以下のようになる．ただし，in_block という変数名は混乱を招くので「現在の系列を処理中」であることを示すフラグという意味で in_series に変更してある．in_trial は，各系列内での毎回のキー押しを待つフラグとして使用する．

```
    while in_series:
        in_trial = True
        while in_trial: # 試行開始
            # ここで刺激の描画などをする

            keys = psychopy.event.getKeys()
            # キーが押された時の処理
            if # 試行終了の判定:
                in_trial = False

        if  # 系列終了の判定:
            in_series = False
```

まず，刺激の draw() と flip() を行う必要があるが，これは「ここで刺激の描画などをする」とコメントがある場所で行えばよいだろう．問題はキーが押された時の処理と終了条件の判定である．キーが押された時に行わなければならないのは，「刺激を変化させて繰り返すか，系列を終了するか」の判定である．反応時間と ESC キーは考えなくてよいのだから，getKeys() を変数 timeStamped なしで呼び出して，getKeys() の戻り値に現在の系列を表す値 (変数 series に格納) が含まれていれば刺激を変化，含まれていないにも関わらず戻り値が空ではないのなら系列を終了すればよい．ただし，これは getKeys() には引数 keyList を指定してカーソルキーの上下以外を検出しないようにしておくことが条件である．

```
keys = psychopy.event.getKeys(keyList=['up','down'])
if series in keys:
   # 刺激を変化
elif keys != []:
   # 現在の系列を終了
```

刺激を変化させる場合は，すでに変数 step に変化量を格納してあるので，現在の色に step を加えればよい．問題は，「現在の色」がどの変数に保持されているかである．probe_lum がプローブの色を表す変数だが，ここへ step を加えてしまうと「開始時のプローブ色」の情報が失われてしまう．今回は上昇系列であれば開始時のプローブ色は -0.8，下降系列であれば 0.8 と決めているので series を確認すればわかるのだが，将来的に開始時のプローブ色を乱数で変動させたくなった時に対応できない．変数をひとつ追加するべきだろう．start_probe_lum という変数を追加して，系列の開始時の値をこちらへ保持しておくことにする．これで安心して probe_lum に step を加算できるので，加算して setColor() でプローブ色を更新して in_trial を False にすればよい．

現在の系列を終了する場合は，write() を使って「誘導刺激の色，開始時のプローブ色，1 ステップの変化量，終了時のプローブ色」をファイルに出力し，flush() してから in_trial と in_series の両方を False にすればよい．今回の実験では，コード 2.12 のように「直近の 5 試行の正答率が…」といった条件がなく，キーが押された時点で直ちに系列の終了判定が可能なので，最後の if 文は不要である．以上の処理を組み込むと，以下のコードが得られる．

```
start_probe_lum = probe_lum # 開始前にstart_probe_lum に値を複製
in_series = True
while in_series:
    in_trial = True
    while in_trial: # 試行開始
        stim1.draw() # ここで描画等を済ませておく
        stim2.draw()
        probe.draw()
        win.flip()

        keys = psychopy.event.getKeys(keyList=['up','down'])
        if series in keys: # 刺激を変化させる場合
            probe_lum += step
            probe.setFillColor([probe_lum, probe_lum, probe_lum])
            in_trial = False
        elif keys != []:   # 現在の系列を終了させる場合
            datafile.write(
                '{:.2f},{:.2f},{:.2f},{:.2f}\n'.format(
                    stim1_lum, start_probe_lum, step, probe_lum))
            in_trial = False
            in_series = False
```

ここで終了してもよいが，もう少し工夫する．この実験ではキーが押されるのを待つ間に刺激が変化しないため，getKeys() の代わりに waitKeys() を使ってキー押しを待つことができる．すると，以下のように変数 in_trail を使った while 文を省略することも可能である．上のコードと見比べてほしい．

```
start_probe_lum = probe_lum # 開始前にstart_probe_lum に値を複製
in_series = True
while in_series:
    stim1.draw() # ここで描画等を済ませておく
    stim2.draw()
    probe.draw()
    win.flip()

    keys = psychopy.event.waitKeys(keyList=['up','down'])
    if series in keys: # 刺激を変化させる場合
        probe_lum += step
        probe.setFillColor([probe_lum, probe_lum, probe_lum])
    elif keys != []:   # 現在の系列を終了させる場合
        datafile.write('{:.2f},{:.2f},{:.2f},{:.2f}\n'.format(
            stim1_lum, start_probe_lum, step, probe_lum))
        in_series = False
```

以上で変更は終了である．最後に変更後のコードの全体をコード 2.14 に示す．上記の変更に加えて，35 行目で出力するデータファイルの見出し行を修正し，51 行目に待ち時間中のキー押し対策の getKeys() を追加している．

この状態で実際に実験を行うことが可能だが，万全を期するのであれば 59 行目で probe_lum が -1.0 から 1.0 の範囲を超えてしまった場合に系列を強制中断する，62 行目付近で各系列の最初の刺激が提示された時に反対方向のキー (上昇系列でカーソルキーの下) を押してしまった場合の対策をする [*9] などの工夫をするとよいだろう．また，40 行目で変数 condition から probe_lum に代入する際に乱数を加算することによって，各系列の開始時の色を無作為に変動させることもできる．その際，ramdom() ではなく randrange()(表 2.6, p.48) で整数の乱数を生じさせて 10 や 100 で割る方が切りのよい小数が得られる．候補となる値が少ない場合は choice() の引数にすべての値を列挙するのもよいだろう．

コード 2.14 極限法への変更

```
 1 #coding:utf-8
 2 from __future__ import division
 3 from __future__ import unicode_literals
 4 import psychopy.visual
 5 import psychopy.event
 6 import psychopy.core
 7 import codecs
 8 import random
 9
10 conditions = []
```

[*9] 例えば start_probe_lum と probe_lum が等しい時は，系列を中断せずに実験者を呼ぶように促すメッセージや，反応に誤りがないか実験参加者に確認するメッセージを表示するなどの方法が考えられる．

```
11 for stim1_lum in [-0.3, 0.3]:
12     for probe_lum in [-0.9, 0.9]:
13         if probe_lum == -0.9:
14             series = 'up'
15         else:
16             series = 'down'
17         conditions.append([stim1_lum, probe_lum, series])
18
19 conditions *= 5 # リストの内容を 5回繰り返す
20 random.shuffle(conditions) # 無作為な順序に並び替える
21
22 win = psychopy.visual.Window(
23     monitor='defaultMonitor', units='cm', color='black')
24 clock = psychopy.core.Clock()
25
26 stim1 = psychopy.visual.Rect( # fillColor は各試行開始時に指定する
27     win, width=6.0, height=6.0, pos=[-4,0], lineColor=None)
28 stim2 = psychopy.visual.Rect( # stim2 の fillColor は固定
29     win, width=3.0, height=3.0, pos=[-4,0],
30     lineColor=None, fillColor=[0.0, 0.0, 0.0])
31 probe = psychopy.visual.Rect(
32     win, width=3.0, height=3.0, pos=[4,0], lineColor=None)
33
34 datafile = codecs.open('data.csv','w','utf-8')
35 datafile.write('Stim1,Probe_Start,Step,Probe\n') # ヘッダを出力しておく
36
37 for condition in conditions: # conditions から各試行の条件を取り出す
38     # 刺激色を更新する
39     stim1_lum = condition[0]
40     probe_lum = condition[1]
41     stim1.setFillColor([stim1_lum, stim1_lum, stim1_lum])
42     probe.setFillColor([probe_lum, probe_lum, probe_lum])
43     series = condition[2]  # この行以降を追加
44     if series == 'down':   # 下降系列
45         step = -0.05       # 変化量はマイナス
46     else:                  # 上昇系列
47         step = 0.05        # 変化量はプラス
48
49     start_probe_lum = probe_lum # 開始前にstart_probe_lum に値を複製
50     in_series = True
51     psychopy.event.getKeys()
52     while in_series:
53         stim1.draw() # ここで描画等を済ませておく
54         stim2.draw()
55         probe.draw()
56         win.flip()
57
58         keys = psychopy.event.waitKeys(keyList=['up','down'])
59         if series in keys: # 刺激を変化させる場合
60             probe_lum += step
61             probe.setFillColor([probe_lum, probe_lum, probe_lum])
```

```
62            elif keys != []:    # 現在の系列を終了させる場合
63                datafile.write('{:.2f},{:.2f},{:.2f},{:.2f}\n'.format(
64                    stim1_lum, start_probe_lum, step, probe_lum))
65                in_series = False
66
67        win.flip() # 刺激を消去する
68        psychopy.core.wait(1.0) # 1.0秒待つ
69
70    datafile.close() # データファイルを閉じる
```

■ 練習問題

1) 本項の後半で取り上げた 2.2.4 項のコード 2.4 を極限法の手続きに変更する作業 (コード 2.14 に変更する作業) を，本書を参照せずに自力で行え．同じ結果が得られるのであれば，必ずしもコード 2.14 と変更点が一致しなくてもよい．
2) コード 2.14 を変更して，系列開始時のプローブ色が ±0.85，±0.80，±0.75，±0.70 のいずれかから無作為に選ばれるようにせよ．

2.3.4 マウスの利用

この節では PsychoPy によるマウスの扱いを解説するが，解説を始める前にひとつ注意点を述べる．PsychoPy では，ウィンドウを作成するために pygame または pyglet というライブラリのいずれか一方を選択して利用する．このようなライブラリのことをバックエンドと呼ぶ．バックエンドの選択は PsychoPy のメニューの「ファイル」から「設定」を選択して設定ダイアログを開き，「一般」タブの「ウィンドウ描画ライブラリ」で行う．古いバージョンの PsychoPy は pygame のみを使用していたが，バージョンアップと共に開発が pyglet へ移行しており，現在は pyglet が標準のバックエンドとなっている．古くからの PsychoPy ユーザーが「pygame が標準であった時代に作成した実験を実行したい」という場合を除けば，積極的に pygame を選ぶ理由はないだろう．したがって，本項では pyglet がバックエンドに設定されている (すなわち標準の設定である) ことを前提としてマウスの利用法を解説する．

PsyhcoPy でマウスを使用するには，`psychopy.event.Mouse` を import して `Mouse` オブジェクトを作成する．マウスカーソルの位置やボタンの状態は `Mouse` オブジェクトのメソッドを実行すれば得られる．コード 2.15 に例を示す．このコードは実行に必要な処理をすべて含んでいるので，このまま実行することができる．

コード 2.15 マウスの利用

```
1 #coding:utf-8
2 from __future__ import division
3 from __future__ import unicode_literals
4 import psychopy.visual
5 import psychopy.event
```

```
6
7  win = psychopy.visual.Window(
8      monitor='defaultMonitor', units='height', fullscr=True)
9
10 button = psychopy.visual.Rect(win, width=0.1, height=0.1)
11 state = psychopy.visual.TextStim(
12     win, pos=[0,-0.2], height=0.05)
13
14 mouse = psychopy.event.Mouse()
15
16 mouse.clickReset()
17 while True:
18     if mouse.isPressedIn(button,buttons=[0]): # 中でボタン 0が押された
19         break
20     elif button.contains(mouse): # 中にマウスカーソルがある
21         button.setFillColor([-1,1,-1])
22     else: # 中にマウスカーソルがない
23         button.setFillColor([-1,-1,-1])
24
25     state.setText('Pos: {}\nButtons: {}'.format(
26         mouse.getPos(), mouse.getPressed(getTime=True)))
27
28     button.draw()
29     state.draw()
30     win.flip()
```

14 行目は Mouse オブジェクトの作成である．PsychoPy のウィンドウは通常のインターネットブラウザなどと同等のアプリケーションなので，マウスはウィンドウに縛られない．したがって，視覚刺激オブジェクトのように Window オブジェクトを引数にとらない．マルチモニター環境で PsychoPy ウィンドウ上にマウスを制限したい場合はマウスオブジェクトの setExclusive(True) を実行する．解除は setExclusive(False) である．キーボードと異なり，Mouse オブジェクト自身は内部に psychopy.core.Clock オブジェクトを持っている．この内部 Clock オブジェクトを 0.0 に初期化するには，16 行目のように clickReset() を実行する．

実験中にマウスカーソルの位置座標やボタンの状態を取得するには，表 2.7 のメソッドを用いる．コード 2.15 では getPos()，getPressed()，isPressedIn() を使用している．コード 2.15 を実行すると getPos() と getPressed() の出力が表示されるので，マウスを動かしたりボタンをクリックしたりして表示を確認していただきたい．getPressed() の出力は 3 つのボタンの状態 (1=押されている/0=押されていない) を示すリストと各ボタンが最後に押された時刻のリストをまとめたタプルだが，各要素が使用しているマウスのどのボタンに対応しているかはデバイスの設定に依存する．多くの場合，インデックス 0 の要素が左ボタン，インデックス 2 の要素が右ボタンである．インデックス 1 の要素は 3 ボタンマウスの中央のボタンに対応しているが，マ

表 2.7 psychopy.event.Mouse の主なメソッド

メソッド	機能
getPos()	カーソルの座標を得る．座標の単位はウィンドウの単位に従う．
getRel()	最後に getPos()，getRel() を実行してからのカーソルの移動量を得る．
getPressed()	ボタンの状態を表すリストを得る．引数 getTime に True を与えると最新のボタン押し時刻のリストも得られる．
getWheelRel()	最後に getWheelRel() を実行してからのホイール回転量を得る．
isPressedIn()	引数に指定した視覚刺激内にカーソルがあれば True，なければ False を返す．引数 buttons にインデックスを並べたリストを与えることによって検出するボタンを指定できる．
setPos()	引数で指定された座標にカーソル位置を変更する．座標の単位はウィンドウの単位に従う．
setVisible()	引数に False を与えるとマウスカーソルが表示されない．True を与えると表示される．

ウスの設定に依存するので実験に使用する PC 上で確認する必要がある．キーボードの getKeys() 同様に getTime=True を指定しなければ 3 つのボタンの状態を表すリストのみが得られる．コード 2.15 の 26 行目を変更して確認するとよい．

18 行目は isPressedIn() の例である．スクリーン上に複数個のボタンを配置してボタンをクリックさせて反応を計測したい場合に有効である．Rect，Circle，Polygon などの多角形を描画する視覚刺激オブジェクトに対しては有効だが，TextStim などには使用できないので注意が必要である．draw() しない視覚刺激オブジェクトに対しても isPressedIn() は有効なので，TextStim の上に draw() しない Rect を重ねておけば対応可能である．isPressedIn() はボタン押し時刻を返さないので，時刻が必要な場合は isPressedIn() が True となったら直ちに getPressed(getTime=True) を実行すればよい．

20 行目の contains() というメソッドは isPressedIn() の逆で，Rect 等の多角形を描画する視覚刺激オブジェクトの中に引数の座標が含まれていれば True を返す．座標は (0,0) のように数値を指定することも可能だし，Mouse オブジェクトを指定することも可能である．isPressedIn() は contains() を利用して実装されているので，isPressedIn() が使用可能なオブジェクトであれば contains() も使用可能である．マウスカーソルが刺激と重なった時点で刺激を変化させてフィードバックを与えたり，反応として記録したい場合に有効である．

キーボードのキー押しを検出する getKeys() とマウスのボタン押しを検出する getPressed() の大きな違いは，getKeys() が「キーが押された」という「イベント」を検出するのに対して，getPressed() が「ボタンが押されている」という「状態」を返すという点である．両者の働きを比較したものがコード 2.16 である．このコードで

図 **2.17** コード 2.16 の実行例.

は「getKeys() でスペースキーのキー押しを検出した回数」と,「getPressed() でマウスの左ボタン (正確にはインデックス 0 のボタン) が押されていることを検出した回数」を表示するデモである (図 2.16). コードを実行して, スペースキーとマウスの左ボタンを素早く押したり, 長押ししたりしていただきたい. スペースキーは素早く押してもゆっくり押しても押し下げた時に 1 増加するだけだが, 左ボタンは素早く押したつもりでも一瞬で増加してしまうはずである. マウスの右ボタン (インデックス 2 のボタン) をクリックすると終了する.

マウスのボタンが押された瞬間に試行を終了するのであれば問題ないが, 一定時間内にマウスのボタンを何回クリックしたかを数える実験を作成する場合は「押されていない」から「押された」に変化した回数を数えるなどの工夫をする必要がある. 一方, 調整法の手続きでボタン押しによって刺激を調整させたい場合などは, キーボードのボタンを押し続けても 1 回しかイベントが検出されないので大きく刺激を変化させる場合はキーを連打しなければいけない. キーが押し続けられている状態を検出するには 2.4.2 項で紹介する ioHub パッケージを使用する必要がある.

コード **2.16** getKeys() と getPressed() の比較

```
1  #coding:utf-8
2  from __future__ import division
3  from __future__ import unicode_literals
4  import psychopy.visual
5  import psychopy.event
6
7  key_count = 0
8  press_count = 0
9
10 win = psychopy.visual.Window(monitor='defaultMonitor', fullscr=False)
11 state = psychopy.visual.TextStim(win)
```

```
12 mouse = psychopy.event.Mouse()
13
14 while True:
15     keys = psychopy.event.getKeys(keyList=['space'])
16     key_count += len(keys)
17
18     buttons = mouse.getPressed()
19     press_count += buttons[0]
20     if buttons[2] == 1: break
21
22     state.setText(
23         'Key: {}, Button:{}'.format(key_count,press_count))
24     state.draw()
25     win.flip()
```

■ 練 習 問 題

1）コード 2.15 のウィンドウの単位を `norm`，`deg`，`degFlat` 等に変更して，スクリーン上に表示されるカーソル座標がどのように変化するか確認せよ．ただし，文字の大きさは読めるように適宜変更すること．

2）コード 2.15 を変更して，スクリプト開始時にマウスカーソルが必ずスクリーンの左上にあるようにせよ．また，キーボードのスペースキー押しでマウスカーソルの表示，非表示を切り替えられるようにせよ．

3）コード 2.15 にもうひとつ `Rect` オブジェクトを追加して，追加した正方形の位置がマウスカーソルの位置に合わせて変化するようにせよ．正方形の大きさ等は問わない．

4）コード 2.16 をマウスの左ボタンが押された回数を数えるように変更せよ．（ヒント：変数 `prev_state` を用意して `buttons[0]` の値を保持しておき，次に `getPressed()` を実行した時に `prev_state` と `buttons[0]` を比較して 0 から 1 に変化したか判定すればよい．）

2.3.5　様々な外部機器の利用

実験の目的によっては，キーボードやマウス以外の入力デバイスを用いて反応を計測したり，計測機器へ制御信号を送信したりする必要がある．`psychopy.hardware` モジュールでは，Cambridge Research Systems 社の Bits++ や Bits#，LabJack 社の USB 接続 I/O ユニット，PhotoResearch 社の分光放射計などいくつかの外部機器がサポートされている．また，Standalone PsychoPy ではシリアルポートでデータの送受信を行う pyserial パッケージが同梱されている [*10)]．

使用したい計測機器が Standalone PsychoPy でサポートされていない場合，まず

---

*10)　2.4.2 項で紹介する ioHub でも外部機器への対応を拡大すべく開発が進んでいる．

機器のメーカーが公式に Python 用パッケージを提供していないかを確認するとよい．パッケージが提供されていれば，パッケージのドキュメントに従ってインストールすれば Python から使用できるようになる．ただし，Windows 版 Standalone PsychoPy の場合は通常の方法でパッケージを追加できない場合が多いので A.3 節を参考にすること．

公式な Python 用パッケージが配布されていなくても，インターネット上を検索すると Python 用のパッケージがフリーソフトウェアとして配布されている場合がある．例えば Measurement Computing 社の DAQFlex ライブラリに対応している USB 接続の I/O モジュールであれば pydaqflex というパッケージが公開されているし，CONTEC 社の API-USBP ライブラリに対応している USB 接続 I/O モジュールならば pyAPIUSBP というパッケージが公開されている．

Python 用パッケージが公開されていない場合，C 言語用のライブラリが提供されていてある程度 C 言語の知識があるならば，ctypes モジュールを用いて Python から利用することが可能である．ctypes については本章で想定しているレベルを超えるので，A.7 節で概要のみを解説する．本項では，比較的入手容易だと思われる USB 接続のジョイスティック (またはゲームパッド) を扱う方法と，pyserial を用いたシリアルポートの利用法について触れる．

コード 2.17 はジョイスティックの状態を読み取って PsychoPy のウィンドウ上に文字列として表示するサンプルである．PsychoPy の設定ダイアログ「一般」タブのウィンドウ描画ライブラリが pyglet に設定されていることを前提としている．

コード **2.17**　ジョイスティックの利用

```
1  #coding:utf-8
2  from __future__ import division
3  from __future__ import unicode_literals
4  import psychopy.visual
5  import psychopy.core
6  import psychopy.hardware.joystick
7
8  win = psychopy.visual.Window(units='height')
9  text = psychopy.visual.TextStim(win, height=0.03)
10
11 num_joys = psychopy.hardware.joystick.getNumJoysticks()
12 if num_joys==0: # ジョイスティックが 0個 (存在しない)なら終了
13     text.setText('No joystick was found.')
14     text.draw()
15     win.flip()
16     psychopy.core.wait(1.0)
17     psychopy.core.quit()
18
19 joystick = psychopy.hardware.joystick.Joystick(0)
20
```

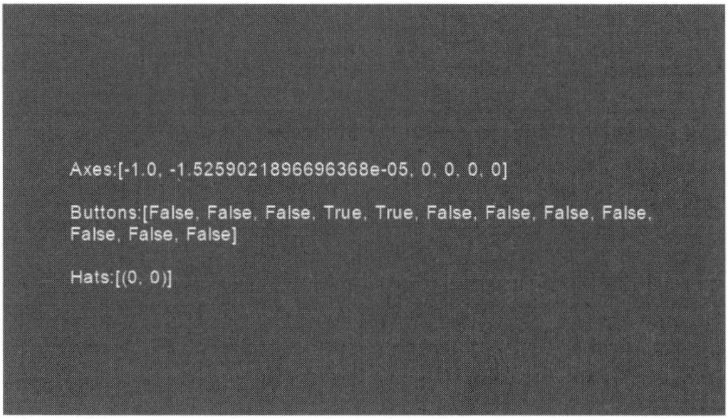

図 **2.18** コード 2.17 の実行例.

```
21 while True:
22     buttons = joystick.getAllButtons()
23     if not False in buttons[:2]:
24         break
25
26     text.setText('Axes:{}\n\nButtons:{}\n\nHats:{}'.format(
27         joystick.getAllAxes(),
28         buttons, joystick.getAllHats()))
29     text.draw()
30     win.flip()
31
32 win.close()
```

6 行目で `joystick` モジュールを import し，PsychoPy の `Window` オブジェクト等を作成した後，11 行目で PC に接続されているジョイスティックの個数を返す `getNumJoysticks()` 関数を実行している．戻り値が 0 であれば，`joystick` モジュールがサポートするジョイスティックが 1 個も見つからないということなので，13～17 行目で No joystick was found. とウィンドウに表示して 1 秒後に終了する．見つかった場合は，19 行目のように `Joystick` オブジェクトを作成する．引数はジョイスティックの ID 番号で，OS に検出された順番に 0，1…と ID 番号が割り当てられる．

21 行目からの `while` 文では，ジョイスティックの状態を読み出しとウィンドウへの描画を繰り返している．`getAllAxes()` でジョイスティック上のすべてのレバーの状態，`getAllButtons()` ですべてのボタンの状態が得られる．`getAllHats()` はハットスイッチの状態を返す．ジョイスティックやゲームパッドによって戻り値の要素数などが異なるが，一般にレバーの状態は浮動小数点数，ボタンの状態は真偽値として得られる．ゲームパッドの形状次第では，ボタンにしか見えないものでも内部ではレバーとして処理されているものなどが存在するので，使用する機器を接続してコード

2.17 を実行して操作し，どのような値が得られるかを確認すること．コード 2.17 は 1 番目と 2 番目のボタンを押せば終了する (23〜24 行目)．実行例を図 2.17 に示す．

続いてシリアルポートからデータを送受信するサンプルをコード 2.18 に示す．シリアルポートには計測機器が接続されていて，0x57，0x60，0x08 という 3byte のコマンド (command1 とする) を送信するとその時刻が計測データとともに記録されるとする．このように機器に対して何かの動作を行わせるきっかけとなる信号をトリガ (trigger) と呼ぶ．さらに，この機器に対して 0x52，0x60，0xB0 という 3byte のコマンド (command2 とする) を送信すると，現在の計測機器の状態を示す 16byte のデータを返送してくるとしよう．コード 2.18 では，180 フレームの刺激提示のうち，61〜120 フレームで視覚刺激を提示する [*11]．刺激のオンセット (61 フレーム目) とオフセット (121 フレーム目) に合わせて command1 を送信する．そして刺激提示終了後，command2 を送信して返送されてくるデータを受信し，機器の状態を確認する．

コード 2.18 シリアルポートを用いたデータの送受信

```
 1 #coding:utf-8
 2 from __future__ import division
 3 from __future__ import unicode_literals
 4 import psychopy.visual
 5 import psychopy.core
 6 import serial
 7
 8 win = psychopy.visual.Window(units='height', fullscr=True)
 9 stim = psychopy.visual.GratingStim(win, sf=20, mask='gauss')
10
11 com = serial.Serial(port=0, # ポート番号またはデバイス名
12         baudrate=9600,      # ボーレートの設定
13         parity = serial.PARITY_NONE, # パリティの設定
14         timeout=None,       # 読み込みのタイムアウト
15         writeTimeout=0)     # 書き出しのタイムアウト
16
17 command1 = chr(0x57)+chr(0x60)+chr(0x08)
18 command2 = chr(0x52)+chr(0x60)+chr(0xB0)
19
20 for frame in range(180):
21     if frame==60 or frame==120:
22         win.callOnFlip(com.write, command1)
23     if 60<=frame<120:
24         stim.draw()
25     win.flip()
26
27 win.close()
28
29 com.write(command2)
30 psychopy.core.wait(1.0)
```

*11) `frame` は 0 から始まるので `frame==60` となるのは 61 フレーム目であることに注意．

```
31 received_data = com.read(16)
32 com.close()
```

6 行目で serial を import し，11〜15 行目で Serial オブジェクトを作成している．シリアルポートを用いた送受信はこの Serial オブジェクトを用いて行う．引数 port は使用するポートを指定する．OS に認識されているポートに 0 から順番にインデックスがついているので，この例のようにインデックスを用いて指定することができる．あるいは，'COM1'，'/dev/ttyUSB0' などのデバイス名で指定することもできる．baudrate はボーレートとも表記され，機器との通信速度を指定する．機器によって設定できる値が決まっているので，機器のマニュアルを読んで確認すること．parity はパリティと呼ばれるデータの通信エラー検出方式を指定する．値は PARITY_NONE, PARITY_EVEN, PARITY_ODD, PARITY_MARK, PARITY_SPACE のいずれかである (デフォルト値は PARITY_NONE)．やはり機器によって設定できる値が決まっているので，機器のマニュアルを確認すること．

パリティの他にも，stopbits(STOPBITS_ONE, STOPBITS_TWO, STOPBITS_ONE_POINT_FIVE のいずれか，デフォルト値は STOPBITS_ONE)，bytesize(FIVEBITS, SIXBITS, SEVENBITS, EIGHTBITS，デフォルト値は EIGHTBITS) を指定できる．xonxoff，rtscts，dstdtr という引数に真偽値を指定することで，それぞれ XON/X-OFF，RTS/CTS，DSR/DTR を使用するか否かを指定できる．いずれもデフォルト値は False である．接続する機器に合わせて設定するとよい．

timeout はデータを読み込む時のタイムアウト，writeTimeout は書き出す時のタイムアウトを設定する (単位は秒)*12)．タイムアウトが 0 なら読み書きの終了を待たずに直ちに次の処理へ進む．10.0 ならば処理が終わるまで最大 10 秒待つ．None ならば強制的にスクリプトが終了されない限り処理の終了を待ち続ける．コード 2.18 ではコマンドの書き出し後に直ちに次のフレームの描画に進むために writeTimeout を 0 にし，受信時は急ぐ必要がないため timeout を None にしている．

17〜18 行目は機器に送信するコマンドの準備である *13)．chr() は引数の数値を文字コードとする文字列型オブジェクトを返す．1byte ずつ文字列に変換して+演算子で結合することでコマンドを作成している．なお，chr() の逆変換を行う関数は ord() である．

20〜25 行目は先に 29 行目以降を解説した方がわかりやすいと思われるので，29 行目へ進む．29 行目の write() はシリアルポートからの書き出しを行うメソッドで，引

---

*12) pyserial のバージョンが 3.0 以降では write_timeout と名称変更されている．

*13) ここは Python2 と 3 の互換性を保つ上で難しいポイントである．Python3 のみを考えるのであれば byte 型オブジェクトを用いる方がよいと思われる．A.1 参照.

数は書き出すデータである．ここでは先に定義した command2 を書き込んでいる．31 行目の read() は引数で指定した byte 数のデータを読み込むメソッドである．読み込む byte 数を指定せず改行文字が得られるまで読み込みたい場合は readline() というメソッドを用いる．14 行目で timeout=None としているので，読み込みが終わるまで read() は終了しない．機器のトラブルにより想定していたデータがすべて届かなかった場合はいつまでも read() が終了しないので，適当な timeout を指定して想定通りのデータが得られなかった場合はエラー処理を行うとより信頼できるスクリプトとなるだろう．Serial オブジェクト作成後に setTimeout()，setWriteTimeout() メソッドを用いてタイムアウトを変更することができるので，状況に応じて変更するとよい．他のパラメータも同様に変更可能である．

以上を踏まえた上で，20 行目からの for 文の解説に戻ろう．ここでは変数 frame が 0 から 179 になるまで，合計 180 回 flip() を実行している．このうち frame が 60 以上 120 未満の時には視覚刺激を描画している (23〜24 行目)．刺激のオンセットとオフセット，すなわち刺激が描画されていない状態から描画された状態となる frame==60 の時と，逆に描画されている状態からいない状態となる frame==120 の時に，Window オブジェクトの callOnFlip() というメソッドを実行している (21〜22 行目)．callOnFlip() は，次の flip() が行われた直後に実行する処理を登録しておくものである．第 1 引数が実行する関数の名称，第 2 引数以降はその関数に与える引数である．例を挙げると，以下の 1 行目のような引数で呼び出す関数 foo() を登録したい場合は，2 行目のように書くということである．

```
1 foo(x, y, bar=z)                   # 通常の呼び出し
2 win.callOnFlip(foo, x, y, bar=z) # callOnFlip()による呼び出し
```

callOnFlip() で登録された処理は，次の flip() が終了した直後に自動的に実行される．一度実行されると登録は解除されるので，繰り返し呼び出す必要がある場合はその都度登録し直す必要がある．flip() が終了した直後 (コード 2.17 なら 26 行目) に処理を書いても同じではないかと思われるかもしれないが，callOnFlip() で登録した処理は flip() の内部で実行されるため，flip() の直後の行に書くよりも確実に flip() の処理が行われた時刻に近いタイミングで実行される．時間精度の問題については 2.4.1 項 (p.90) で詳しく解説する．

■ 練 習 問 題

1）コード 2.17 を変更してウィンドウ上に正方形を描画し，ジョイスティックをレバー操作に合わせて正方形の位置が変化するようにせよ．

2）2.2.4 項のコード 2.4 を変更し，カーソルキーの右または左が押された直後の flip() 実行時に clock.getTime() の結果をデータファイルに書き出すように

せよ (ヒント：callOnFlip() を用いて datafile の write() メソッドを呼ぶ).

2.3.6　ダイアログを用いた実行時のパラメータ変更

参加者間計画の実験では，参加者によって異なる刺激パラメータを使用しなければならないことが多い．また，実験結果の記録ファイル名を実行のたびに変更したいなどの要望もあるだろう．このような場合に便利なのが psychopy.gui モジュールである．psychopy.gui.DlgFromDict() を用いると，エディットボックス (文字入力欄) やチェックボックスを持つダイアログを作成して，その値を得ることができる．例をコード 2.19 に示す．

コード **2.19**　ダイアログの利用

```
#coding:utf-8
from __future__ import division
from __future__ import unicode_literals
import psychopy.gui
import codecs

param_dict = {
    'データファイル名':'data.csv',
    '繰り返し回数':10,
    '第1ブロック':['上昇系列','下降系列'],
    'フルスクリーンモード':True
 }
dlg = psychopy.gui.DlgFromDict(param_dict, title='パラメータ入力')
if dlg.OK == True:
    with codecs.open(param_dict['データファイル名'],'w','utf-8') as fp:
        fp.write('{第1ブロック},{フルスクリーンモード}\n'.format(**
    param_dict))
        for i in range(param_dict['繰り返し回数']):
            fp.write('Trial {}\n'.format(i+1))
```

ダイアログに表示する項目および初期値は，DlgFromDict() の第 1 引数に辞書オブジェクトとして渡す．キー名が項目名となり，キー名に対応する値がその項目の初期値である．コード 2.19 によって作成されるダイアログの例を図 2.19 に示す．図とコードと見比べると明らかなように，各キー名に対する初期値のデータ型によってダ

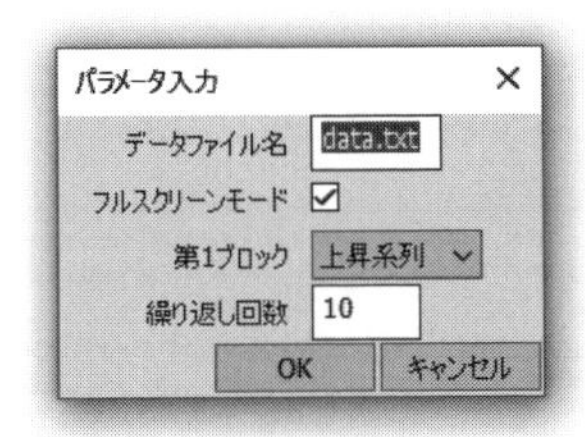

図 **2.19**　コード 2.19 の実行例.

イアログの表示が異なる．文字列 (「データファイル名」) や数値 (「繰り返し回数」) の場合はダイアログ上でエディットボックスとして表示される．論理値である場合 (「フルスクリーンモード」) はチェックボックス，リストである場合 (「第 1 ブロック」) はドロップダウンリストが表示される．

ひとつ注意が必要なのは，コード 2.19 の 7〜12 行目の順番と，表示されたダイアログ上での項目の順番が異なる点である．辞書はリストとは異なり要素の順番を保持しないので，Python によって自動的に並べ替えられてしまう．

ダイアログの「OK」または「キャンセル」をクリックすると `DlgFromDict()` は終了し，スクリプトの次の行へ処理が進む．13 行目で変数 `dlg` に代入されているのは `DlgFromDict` オブジェクトで，「OK」を押して終了すると `OK` というデータ属性が `True` となる．「キャンセル」をクリックしたり，その他の方法で強制的にダイアログを閉じた場合，`OK` は `False` となる．14 行目のように `if` 文を用いると，それぞれの場合に応じて処理を振り分けられる．15 行目以降では，ダイアログから値を取り出す方法の例を示している．

ダイアログから取り出される値の型は，8 行目のように初期値が文字列である場合は文字列型，9 行目のように値が書いてある場合は Python の式として評価される．Python の式として評価されるということは，「20」と書けば整数型，「10.0」ならば浮動小数点型になるということである．これは便利な側面もあるのだが，Python の文法に慣れていないうちは混乱の原因となる可能性もある．例えば 17 行目で「繰り返し回数」の値を `range()` の引数として用いているが，`range()` の引数は整数型でなければならないため，ダイアログの「繰り返し回数」に「10.0」と入力されているとエラーとなってしまう．

以上でコード 2.19 の重要なポイントの解説は終わりだが，最後にこのコードでは `psychopy.visual` を import していない点に触れておきたい．これは `DlgFromDict()` が `psychopy.visual.Window()` で作成する `Window` オブジェクトとは全く独立したものであることを意味している．独立しているがゆえに `Window()` を実行する前にダイアログを実行して「フルスクリーンモードで実行するか否か」,「どのモニタープロファイルを使用するか」を選んだりすることができるという利点がある．しかし一方で，フルスクリーンモードで実験を実行中に `DlgFromDict()` でダイアログを作成しても，`Windows` オブジェクトから検知されないためスクリーン上にダイアログが表示されないという欠点にもつながる．

どうしても実験実行中にダイアログを表示させる必要があるならば，`Window` オブジェクトのデータ属性 `winHandle` に保持されている OS のウィンドウハンドル (OS がウィンドウの管理するために使用しているオブジェクト) を得て一時的に視覚刺激提示ウィンドウを非表示にすることも可能である．以下に例を示す．あまり見栄えがよい方法ではないし，winHandle は PsychoPy の公式ドキュメントに未掲載のデータ属性なので，今後のバージョンアップで仕様変更される可能性もある．そのような問題があってもなお，キーボードから日本語で文字入力して反応させる必要が場合は検討する価値があるかもしれない．単に複数の項目から選択させたりするだけならば，次項で紹介する psychopy.visual.RatingScale を使う方が便利である．

最後に，コマンドプロンプトやターミナルの操作に慣れている人の中には，ターミナルから Python スクリプトを実行して，コマンドライン引数によって実験パラメータ等を指定したい人もいるだろう．コマンドライン引数をスクリプト内で参照する方法については A.4 節を参照のこと．

```
# win は Window オブジェクト
win.winHandle.set_visible(False) # ウィンドウを非表示にする
dlg = psychopy..gui.DlgFromDict(param_dict) # ダイアログを表示する
win.winHandle.set_visible(True) # ダイアログが終了したら表示する
```

■ 練習問題

1）2.2.4 項のコード 2.4 を変更して，実験開始時にダイアログで保存ファイル名，各刺激パラメータの繰り返し回数を変更できるようにせよ．

2.3.7 RatingScale の利用

この節で紹介する psychopy.visual.RatingScale は，視覚刺激提示機能をまとめた psychopy.visual に含まれていながら，主な用途が反応計測であるという複合的なオブジェクトである．非常に多機能なので，ここでは基本的な使用方法の紹介にとどめる．コード 2.20 は −3 から 3 の 7 段階の尺度をスクリーン中央やや下に表示する例である (2.20)．マウスカーソルで尺度をクリックして値を選択し，尺度の下にあるボタンをクリックすると終了する．キーボードで操作する場合は，カーソルキーの左右で選択して Enter キーを押すと終了する．

コード **2.20** RatingScale の例 (1)

```
1  #coding:utf-8
2  from __future__ import division
3  from __future__ import unicode_literals
4  import psychopy.visual
5  import codecs
6
7  win = psychopy.visual.Window(
8      monitor='defaultMonitor', units='height', fullscr=True)
9  scale = psychopy.visual.RatingScale(
10     win, low=1, high=5, markerStart=3, pos=[0,-0.1], size=1.2)
11
12 while scale.noResponse:
13     # ここで刺激や教示などを描画する
```

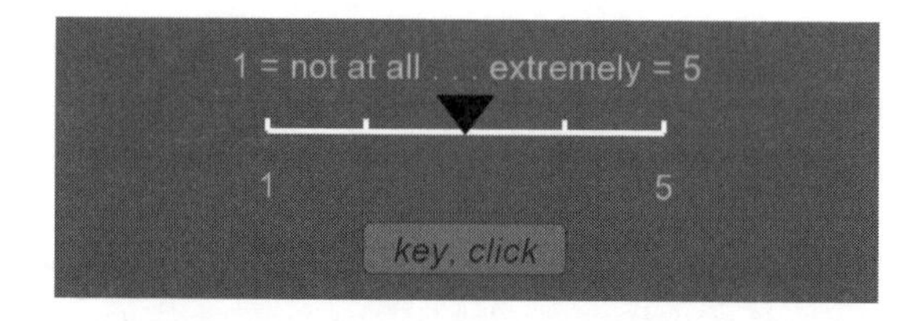

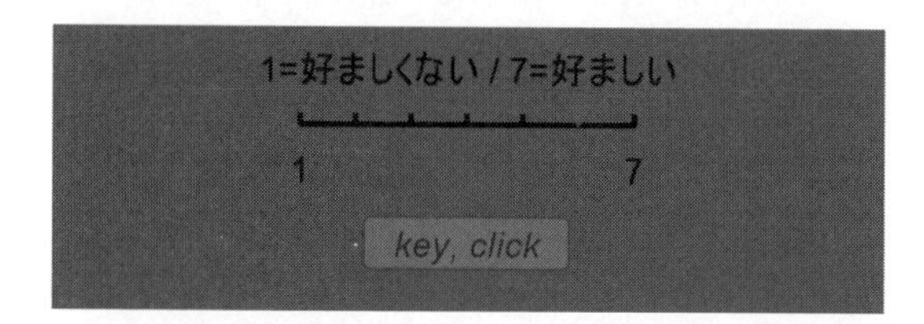

図 2.20 RatingScale の例．上から例 (1)〜例 (3).

```
14     # getKeys()を使う場合はkeyList 引数に注意
15     scale.draw()
16     win.flip()
17
18 with codecs.open('data.csv','w','utf-8') as fp:
19     fp.write('選択:{}, 反応時間:{}, 履歴:{}\n'.format(
20         scale.getRating(), scale.getRT(), scale.getHistory()))
```

コードの 9〜10 行目で RatingScale オブジェクトを作成している．low，high，markerStart はそれぞれ尺度の最小値，最大値，初期値を指定している．pos は位置，size は拡大率の指定であるのは他の視覚刺激オブジェクトと同様だが，size で縦横異なる拡大比率を指定することはできない．横方向のみ拡大するには stretch という引数を用いる．

RatingScale は，他の視覚刺激と同様に draw() メソッドを用いてスクリーン上に描画する必要がある．マウスの状態やキーボードのイベントの取得は RatingScale オブジェクト内部で自動的に行われるので，getKeys() や getPressed() を実行する必要はない．RatingScale の操作のためのキー押しと並行して，その他のキー押しを検出する必要がある場合は，getKeys() の keyList オプションを指定して，getKeys() が RatingScale 用のキー押しイベントを取得しないようにすること．さもないと，キーが押されるタイミング次第で RatingScale を操作するためのキー押しが getKeys() に先に受け取られてしまって，RatingScale が操作できなくなってしまう．

実験参加者が選択を決定するとデータ属性 noResponse が False となるので，11 行目の while はこれを利用して繰り返しを終了している．計測結果は 19 行目のように getRating() で選択した値，getRT() で選択を決定した時刻，getHistory() で決定までの履歴を取得できる．

以上でコード 2.20 の解説は終了だが，RatingScale の他の例を示しておこう．まず，色や文字の大きさは引数 textColor，textSize，lineColor，markerColor で指定できる．引数 scale で尺度の上に表示する文字列を指定できる (None で非表示)．textSize はウィンドウの単位ではなく拡大率で指定する．singleClick を True にすると参加者がマウスでいずれかの値をクリックした時点で直ちに選択が確定される．

コード **2.21**　RatingScale の例 (2)

```
scale = psychopy.visual.RatingScale(win, low=1, high=7, textSize=1.2,
    scale='1=好ましくない / 7=好ましい', textColor='black',
    lineColor='black', markerColor='red', singleClick=True)
```

カテゴリカルな尺度の場合は引数 choices を用いる．choices を指定すると low，high，scale などは無視される．キーボードのみを反応に用いる場合は noMouse を True にしておくと操作性が向上する．leftKeys，rightKeys，acceptKeys で項目の選択と決定を行うキーを指定できるので，テンキーパッドなどで反応させる場合に便利である．

コード **2.22**　RatingScale の例 (3)

```
scale = psychopy.visual.RatingScale(win, choices=['赤','青','緑'],
    noMouse=True, leftKeys='num_1', rightKeys='num_3', acceptKeys='
    num_2')
```

■ **練習問題**

1）同一スクリーン上に RaringScale オブジェクトを 4 個配置し，すべて選択し終えたら各オブジェクトで選択された値をテキストファイルに出力せよ．

2）RatingScale() に引数 precision を与えることによって，目盛の中間地点にもマーカーを置くことができるようになる．コード 2.20 の 9 行目で low=0，high=1，precision=100 として precision の働きを確認せよ．

2.3.8　ファイルからの画像の提示

本項では，psychopy.visual.ImageStim を用いた画像の提示について解説する．ImageStim は画像データを JPEG や PNG，TIFF，BMP といった形式のファイルから読み込んだり，スクリプト内で作成した画像データを視覚刺激としてスクリーン

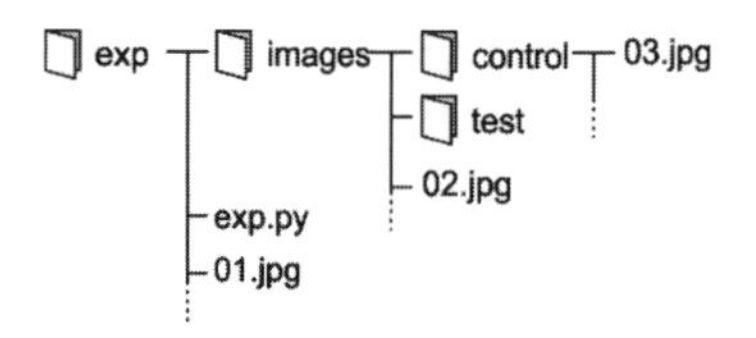

図 **2.21** コード 2.23 で想定している画像ファイルの位置．コード 2.23 を exp.py という名前で保存しているとする．

上に描画するオブジェクトである．スクリプト内で作成したデータを使用する方法は第 3 章で扱うとして，ここではファイルから読み込む方法を紹介する．コード 2.23 は，PsychoPy のウィンドウを開いて，まずカレントディレクトリにある 01.jpg という JPEG ファイルを表示する．キーが押されたらカレントディレクトリの images というディレクトリ内にある 02.jpg という JPEG ファイルを表示する (図 2.21)．再びキーを押すと終了する．01.jpg と 02.jpg は各自で適当な JPEG 画像ファイルを準備すること．

コード **2.23** ファイルから読み込んだ画像の提示

```
1  #coding:utf-8
2  from __future__ import division
3  from __future__ import unicode_literals
4  import psychopy.visual
5  import psychopy.event
6
7  win = psychopy.visual.Window(
8      monitor='defaultMonitor', units='height', fullscr=True)
9  stim = psychopy.visual.ImageStim(win, '01.jpg')
10 stim.setAutoDraw(True) # autoDraw を True にすると自動的に draw()される
11 win.flip()
12 psychopy.event.waitKeys()
13
14 stim.setImage('images/02.jpg') # 画像を変更
15 win.flip()
16 psychopy.event.waitKeys()
17
18 win.close()
```

9 行目で `ImageStim` オブジェクトを作成している．`TextStim` などと同様，第 1 引数は `Window` オブジェクトである．第 2 引数は画像ファイルまたは画像データである．文字列を指定するとファイル名であると解釈される．カレントディレクトリのファイルを使用する場合は，9 行目のようにファイル名のみを書けばよい．

10 行目は視覚刺激オブジェクトの共通機能である autoDraw という機能の使用例である．autoDraw が `True` に設定されたオブジェクトは，明示的に `draw()` を実行しなくても `flip()` の際に自動的に描画される．デフォルト値は `False` である．筆者は明示的に draw() するべきと考えているので積極的に利用を勧めはしないが，Web 上の PsychoPy のサンプルスクリプトでしばしば使用されるので覚えておくとよい．

11 行目で flip() を行い，12 行目で waitKeys() を実行してキー押しを待っている．先述の通り，draw() を行っていないが autoDraw を True に設定しているので画像が描画される．

14 行目は setImage() メソッドを用いて表示する画像ファイルを変更する例である．ここではカレントディレクトリの images というディレクトリ内にある 02.jpg を新たな画像ファイルとして指定している．参照するファイルがサブディレクトリ内にある場合は 14 行目のように相対パス (1.3.11 項) を用いて指定する．図 2.21 の 03.jpg の位置にあるファイルなら'images/control/03.jpg' と書けばよい．

スクリプトの実行中に画像ファイルを変更できるため，ImageStim オブジェクトは「同時にスクリーンに描画する画像の最大値」だけ作成すればよい．例えば「120 個の刺激画像のうち 2 個をスクリーンの左右に提示して，参加者に反応させる」という実験ならば，ImageStim オブジェクトは 2 個作成すれば十分である．ただし，RSVP (rapid serial visual presentation) 課題のように高速に刺激画像を切り替える必要がある場合は，画像の読み込みが間に合わないので，複数の ImageStim オブジェクトを用意する必要があるだろう．以下の例では，00.jpg から 09.jpg までの 10 個の画像を読み込んだ ImageStim オブジェクトのリストを作成している．

```
image_objects = []
for i in range(10):
    image_objects.append(win, '{:02d}.jpg'.format(i))
```

この ImageStim オブジェクトのリストを 6 フレーム (60 Hz のモニターで 100 ミリ秒に相当) ずつ順番に描画するには，以下のようにするとよい．

```
for image in image_objects:
    for f in range(6): # 6回繰り返す
        image.draw()
        win.flip()
```

さて，コード 2.23 を実行すると 01.jpg と 02.jpg が順番にスクリーン上に「原寸で」，すわなち 640×480 ピクセルの画像であれば 640×480 ピクセルの大きさで描画されたはずである．ImageStim は，サイズが指定されなければ画像ファイルを原寸のまま描画する．大きさを指定するにはオブジェクト作成時に引数 size を指定するか，setSize() メソッドなどを用いてサイズを変更する．原寸と異なる縦横比のサイズを指定することによって，縦方向や横方向に引き延ばすことが可能である．また，縦のサイズに負の値を指定することによって上下反転，横のサイズに負の値を指定することによって左右反転することができる．

読み込んだ画像の原寸をスクリプト内で確認したい場合は，サイズを指定する前に

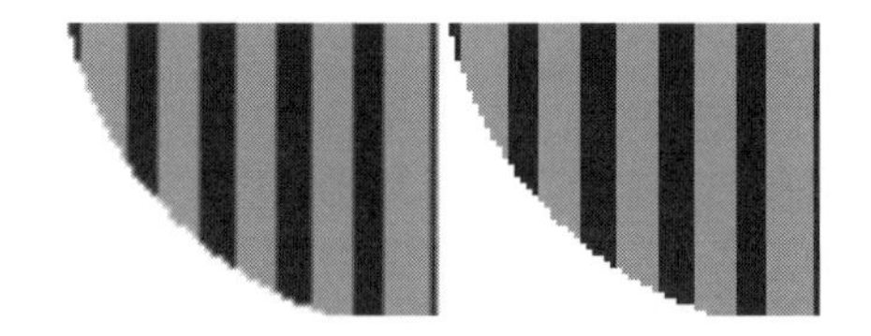

図 **2.22** 画像の拡大縮小方法の違い．左：線形補間 (interpolate=True) 右：最近傍補間 (interpolate=False)

データ属性 size の値を確認すればよい．size の値は PsychoPy で使用している単位に換算されているので注意すること．'pix' 以外の単位を使っているにも関わらずピクセル単位の原寸が必要，あるいは size の変更後に原寸が必要となった場合は，公式ドキュメントに記載がない非公開データ属性の_origSize を参照すれば値が得られる．ただし，_origSize はあくまで非公開なので可能な限り size を使用することを勧める．

なお，ImageStim オブジェクトが画像を拡大縮小する時の方法を，interpolate というパラメータで指定することができる (図 2.22)．この値が False の場合，拡大後の画像の各ピクセルは，元画像の対応する位置に最も近いピクセルの色となる (最近傍補間)．モニター画面を拡大鏡で観察したように，斜めの輪郭などがギザギザになる．True の場合は，元画像の対応する位置の近傍のピクセルを利用して線形補間を行って色を決定する．斜めの輪郭のギザギザは解消されるが，水平，垂直な輪郭がぼやけてしまう．どちらの方法が適切かは画像によって異なるので，目的に応じて選択するとよい．一般論として，拡大縮小は画質の劣化につながるため，ImageStim でのサイズ変更を行わずに済むように画像ファイルを作成することを勧める．拡大縮小は刺激提示中にリアルタイムに行わないといけない場合や，先述の RSVP 課題などで大量の画像をメモリに読み込むために一枚一枚の画像ファイルサイズを抑えたい場合などにとどめるとよいだろう．

ImageStim オブジェクトの解説の締めくくりとして，mask というパラメータを紹介しておく．mask は画像の一部を描画しないようにする機能で，None，'circle'，'gauss'，画像ファイル，スクリプト内で作成したデータのいずれかを指定する．デフォルト値は None であり，画像全体が描画される．'circle' の場合は画像に内接する楕円の外部が透明となる．'gauss' の場合は，中心から周辺に向かって 2 次元ガウス関数状に透明度が増すように描画される．グレースケールの画像ファイル名が指定された場合は，黒が完全な透明，白が完全な不透明となるように画像に透明度が付加される (図 2.23)．mask に使用する画像は 1 辺が 2 の累乗 (256 や 512 など) の正方形でなければならない．この条件に合致しない画像を使用した場合は，PsychoPy の内部で拡大処理が行われるので注意する必要がある．

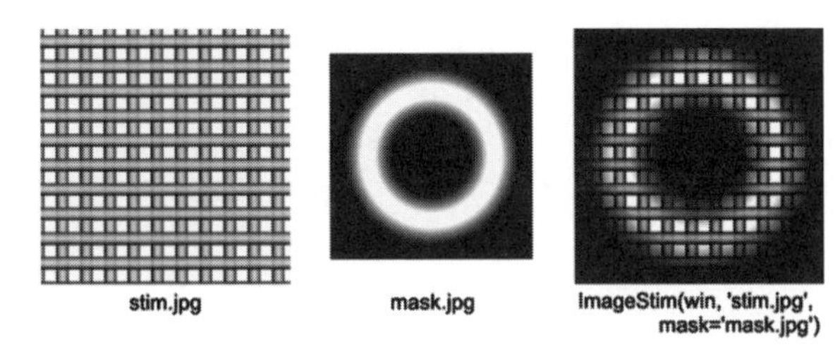

図 **2.23** `mask` パラメータにグレースケール画像ファイルを指定した例

`imterpolate` および `mask` はグレーティング刺激を描画する `GratingStim` でも同様の働きをするので，グレーティング刺激を使用する人は覚えておくとよい．

■ 練 習 問 題

1) コード 2.23 を変更して，画像が原寸の 1/2 のサイズで上下反転した状態で描画させるようにせよ．
2) コード 2.23 を変更して，画像の周辺が 2 次元ガウス関数状にぼやけて描画されるようにせよ．

2.3.9 音声と動画の提示および音声の録音

本項では，`psychopy.visual` に含まれる動画再生クラスである `MovieStim3` と，音声刺激の提示を行う `psychopy.sound` について解説する．

PsychoPy の動画再生クラスには，`MovieStim`，`MovieStim2`，`MovieStim3` の 3 種類がある．元来は `MovieStim` のみであったが，後方互換性が損なわれるバージョンアップのたびに `MovieStim2`，`MovieStim3` と追加されて現在に至っている．通常は最新版の `MovieStim3` を使うとよい．PsychoPy 実行時に "Unexpected error loading library avbin" というエラーが表示されることがあるが，これは `MovieStim` で使用するライブラリが読み込めなかったという意味なので，`MovieStim` を使用しない場合は無視しても支障ない．

`MovieStim3` は，フリーソフトウェアのマルチメディアツールである FFmpeg を利用して動画再生を行う．したがって，FFmpeg で再生できるフォーマットの動画ファイルであれば，メモリ不足などの問題がない限り PsychoPy 上で再生することができる．`MovieStim3` の import 時に FFmpeg が存在しなければ，自動的にインターネットに接続して FFmpeg のダウンロード，インストールが行われる．StandAlone PsychoPy では FFmpeg は導入済みだが，独自にセットアップした場合は `MovieStim3` の初回実行時にインターネット接続が必要となる可能性があるので注意が必要である．

大学の共用 PC のようにソフトウェアのインストールが制限されている環境では，FFmpeg のインストールが失敗する場合がある．このような場合は `MovieStim3` は使えないので，Portable PsychoPy と Portable 版 VLC Media Player を組み合わせて MovieStim2 を使うとよい (A.5 節参照).

コード 2.24 に，カレントディレクトリに置かれている movie.mp4 という動画を MovieStim3 で再生する例を示す．スクリーン中央に映像が再生され，その上に重ねてタイムスタンプが表示される．スペースキーで再生を一時停止，再開することができる．

コード **2.24** 動画ファイルの再生

```
#coding:utf-8
from __future__ import division
from __future__ import unicode_literals
import psychopy.visual

win = psychopy.visual.Window(units='height')
movie = psychopy.visual.MovieStim3(win, 'movie.mp4')
text = psychopy.visual.TextStim(win, height=0.03)

info_str = 'Size:{}, Duration:{}, FPS:{:.3f}\n'.format(
    movie.size, movie.duration, movie.getFPS())

while movie.status != psychopy.visual.FINISHED:
    text.setText(info_str+'{:.3f}'.format(
        movie.getCurrentFrameTime()))

    keys = psychopy.event.getKeys()
    if 'space' in keys:
        if movie.status == psychopy.visual.PAUSED:
            movie.play()
        else:
            movie.pause()

    movie.draw()
    text.draw()
    win.flip()
```

7 行目では，ファイル名を指定して MovieStim3 オブジェクトを作成している．11 行目のように，MovieStim3 オブジェクトの duration，size というデータ属性で再生時間と解像度を，getFPS() メソッドで動画のフレームレートを取得できる．他の視覚刺激と同様に大きさを変更したり回転させたりすることができるが，setSize() は拡大率ではなくピクセル単位の大きさ指定となる．

未再生の状態から draw() を一度実行するか，play() を実行すると動画の再生が始まる．再生中は音声は自動的に再生され続けるが，映像は繰り返し draw() し続けなければ更新されない．draw() の間に時間を要する処理を行うと，映像が音声に対して遅れてしまうので注意が必要である．一時的に (音声，映像とも) 再生を停止するには pause() を用いる (22 行目)．一時停止した動画の再生を再開するには play() を実行

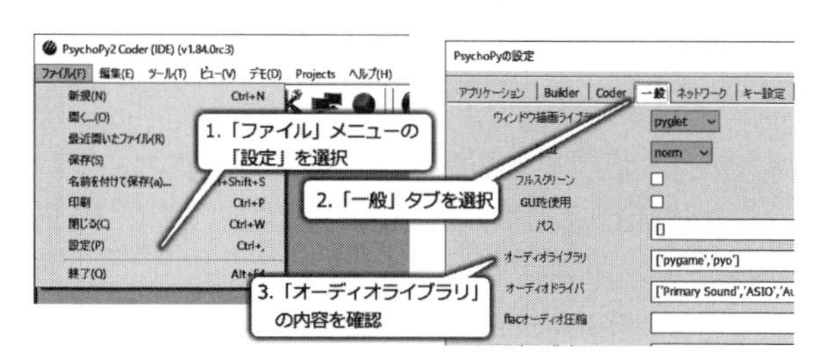

図 **2.24** オーディオライブラリの設定

する (20 行目). `getCurrentFrameTime()` を用いると，動画内での現在の再生位置のタイムスタンプが得られる．単位は秒である．再生前や一時停止中であれば `seek(t)` を実行すると動画内のタイムスタンプ `t` 秒の位置から再生を開始できる．`stop()` で再生を停止させることもできる．

`MovieStim3` オブジェクトのデータ属性 `status` には，現在の再生状態が保持されている．再生状態は `psychopy.visual` 内で定義されていて，`NOT_STARTED` なら未再生，`PLAYING` なら再生中，`FINISHED` なら再生は終了している．一時停止中は `PAUSED` である．13 行目と 19 行目ではこれらの定数を利用して，スペースキーによる再生の一時停止や再生終了時の `while` ループ終了を実現している．

続いて音声刺激の提示について解説する．音声刺激の提示には，`psychopy.sound` の `Sound` オブジェクトを用いる．ウィンドウが pygame または pyglet をバックエンドとしていたように (2.3.4 項)，`Sound` は pygame または pyo をバックエンドとしている．使用されるライブラリを調べるには，Coder のメニューの「設定」を選んで設定ダイアログを開き，「一般」タブの「オーディオライブラリ」という項目を確認する (図 2.24).「オーディオライブラリ」には使用されるライブラリ名が Python のリストとして記入されており，最初のものから優先的に使用される．例えば `['pyo','pygame']` と書かれていば pyo が優先される．後述するように pyo でなければ使用できない機能があるので，実験に使用する PC でまず pyo を試してみることを勧める．pyo がうまく音声刺激を再生できない場合は pygame にするとよい．

コード 2.25 に音声刺激を再生する例を示す．`Sound` オブジェクトは `MovieStim3` オブジェクトと同様に，`play()` で再生を開始し，`stop()` で再生を終了することができる．現在の再生状況は，データ属性 `status` を `NOT_STARTED`, `PLAYING`, `FINISHED` と比較することで確認できる．`MovieStim3` と異なり，`pause()` で停止することはできない．

コード **2.25** 音声ファイルの再生

```
1 #coding:utf-8
2 from __future__ import division
3 from __future__ import unicode_literals
```

```
4  import psychopy.sound
5  import psychopy.core
6
7  stim = psychopy.sound.Sound(440, secs=1.0) # pyo のみ volume 指定可
8  stim.play()
9  while stim.status != psychopy.sound.FINISHED: # pyo のみ有効な方法
10     psychopy.core.wait(0.01)
```

コード 2.25 の 7 行目で Sound オブジェクトを作成している．第 1 引数が数値であれば，その周波数の純音が作成される．'A' から 'G' のアルファベット 1 文字の場合は音符として解釈される．C♯ は 'Csh'，B♭ は 'Bfl' と書く．音符指定の場合は octave でオクターブを指定できる (標準値は 4)．

引数 secs で再生時間 (単位は秒) を指定できる．pyo 使用時のみ，引数 volume で音量 (0.0～1.0) を指定できる．通常は 1 回再生すると終了するが，引数 loops に 0 以上の整数を指定すると値+1 回繰り返し再生される．−1 を指定すると stop() で終了するまで再生される．音量と繰り返し回数は，再生中でなければ setVolume()，setLoops() で変更できる [*14]．pygame 使用時でも setVolume() は使用可である．

第 1 引数に音声ファイル名を指定すると，WAV 形式などの音声ファイルを再生できる．引数 start，stop で再生開始時刻，終了時刻を指定することも可能だ．作成された Sound オブジェクトの getDuration() を実行すれば，再生時間が戻り値として得られる．次章で紹介する NumPy を利用して，左右の音波形 (−1.0～1.0) を N 行 2 列の行列で作成して第 1 引数に指定することもできる．サンプリング周波数は標準で 44100Hz だが，引数 sampleRate で指定できる．この方法については次章で詳しく述べる．

コード 2.25 の 8 行目で play() を実行して再生を開始した後，何もしなければ即座にスクリプトが終了して再生も終了してしまう．そこで，9 行目の while 文のように status を確認して再生終了を待つ必要がある．この点は MovieStim3 と同様である．残念ながら pygame を使用している場合は音声が終了しても status が PLAYING のまま変化しないので，コード 2.25 は永遠に終了しない．pygame を使用している場合は，getDuration() で再生時間を調べて Clock オブジェクトを使用するか wait() 関数を使って再生時間が経過するのを待てばよい．

最後に，PsychoPy の録音機能について解説する．pyo が使用可能でマイクが接続されている実行環境であれば，psychopy.microphone モジュールを使用して録音することができる．コード 2.26 に例を示す．

コード 2.26 マイクを用いた録音

```
1  #coding:utf-8
```

[*14] ただしサウンドドライバによっては音量の変更ができない場合もある．

```
2  from __future__ import division
3  from __future__ import unicode_literals
4  import psychopy.core
5  import psychopy.sound
6  import psychopy.microphone
7
8  psychopy.microphone.switchOn()
9  mic = psychopy.microphone.AdvAudioCapture()
10 mic.setMarker(4000,secs=0.015,volume=0.2)
11 mic.record(10, filename='test.wav')
12
13 while mic.recorder.running:
14     psychopy.core.wait(0.01)
15
16 playback = psychopy.sound.Sound('test.wav')
17 playback.play()
```

8行目の switchOn() でマイクを使用可能な状態にし，9行目の AdvAudioCapture() で AdvAudioCapture オブジェクトを作成する．10行目の setMarker() を実行しておくと，録音開始時に引数で指定したビープ音を鳴らすように設定することができる．第1引数で周波数を指定する点や，secs と volume で時間と音量を指定する点は Sound() と同一である．11行目の record() を実行することによって録音が開始される．第1引数は録音時間，filename は録音結果を保存するファイル名である．録音中はデータ属性 recorder に格納されているオブジェクト [*15] の属性 running が True となるので，13行目のように while 文で録音終了を待つことができる．16行目と17行目は録音した WAV ファイルを Sound オブジェクトに読み込んで再生している．

以上でコードの解説は終了である．コード 2.25 および 2.26 では psychopy.visual を import していないことからわかるように，音声刺激の提示は視覚刺激の提示と独立している．しかし，実際の実験では視覚刺激のオンセットと同時に音声刺激を提示するという具合に，両者を同期させて提示させたいことが多いだろう．そこで問題になるのが「どのように両者を同期させるか」，「どの程度正確に同期させられるか」であるが，これらについて議論するには PC が実際にどのような仕組みで刺激提示を行っているかを理解する必要がある．次項ではこの点を詳しく解説する．

■ 練習問題

1) コード 2.24 を変更して，カーソルキーの右で動画を 10 秒進め，左で 10 秒戻るようにせよ．
2) コード 2.25 を変更して，データ属性 status を使わずに再生が終了したら while

---

*15) psychopy.microphone._Recorder というオブジェクトだが，公式ドキュメントに記載がないオブジェクト名なので recorder.running で録音状態を確認できると覚えておけば十分であろう．

文が終了するようにせよ．音声データの再生時間と Clock オブジェクトを利用すればよい．

2.4 刺激提示および反応時間計測の精度

2.4.1 PC による刺激提示および反応時間計測の仕組み

PsychoPy による刺激提示および反応時間の制度について議論するには，そもそも flip() や getKeys()，play() といったメソッドを実行した時に PC が何を行っているのかを知る必要がある．まず，flip() について解説する．

2.2.1 項で flip() の役割をごく簡単に解説したが，そもそもなぜ「スクリーンに表示する」メソッドが flip() という名前なのだろうか．TV や PC のモニターが「複数の静止画を高速に切り替える」ことで滑らかなアニメーションを表現していることはよく知られているが，PsychoPy では図 2.25A のようにバッファと呼ばれる絵を描くキャンバスのようなものを 2 枚用意して，1 枚目に描かれている絵がモニターに表示されている間に 2 枚目に絵を描き，書き終わったら 1 枚目と 2 枚目を入れ替える (フリップする) という方法でアニメーションを実現している．この方法をダブルバッファリングと呼び，モニターに描画する方のバッファをフロントバッファと呼ぶ．表示される静止画一枚一枚をフレームと呼ぶ．本章のサンプルでアニメーションしない刺激であっても flip() するたびに draw() しなければならなかったのは，flip() するたびに描画用のバッファが背景色で塗りつぶされるからである．描画済みのバッファをそのまま再利用したい場合は flip(clearBuffer=False) という具合に引数 clearBuffer を False にする．

ダブルバッファリングの利点は，描画を行うバッファとモニターに表示するバッファを分離することによって，描画途中の映像がモニターに表示されないようにできる点にある．ダブルバッファリングを行わずに直接表示用バッファに描画を行うと，描画途中の映像が頻繁に表示されてちらつきが知覚される．使用している PC のグラフィック機能の設定によっては，同様の発想で 3 枚のバッファを用意して順番に切り替えるトリプルバッファリングが行われている場合もある．

滑らかなアニメーションに必須のダブルバッファリングだが，反応時間の計測精度には悪影響を及ぼす．モニターがフロントバッファを受信して描画している最中にフリップを行うと，描画の途中でバッファの内容が変化してしまい，ちらつきが生じてしまう．それではダブルバッファリングの意義が損なわれてしまうので，PsychoPy はモニターから「現在のフレームを完全に描画し終えて次のフレームを描画し始める準備ができた」という信号が送信されてくるのを待ってフリップを行う．この信号を垂直同期信号 (VSYNC) と呼ぶ．PsychoPy で flip() を実行すると，VSYNC を確認

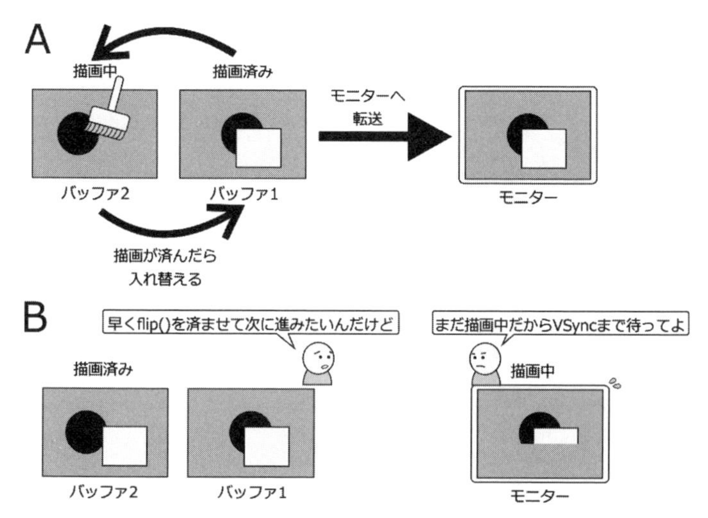

図 2.25 flip() の処理．A：ダブルバッファと flip, B：フリップ実行時の遅延

してフリップできるまでスクリプトの処理が停止する (2.25B)．結果として，フリップ待ちの間にキーボードやマウスが操作されていてもフリップ終了までその情報を取得できないのである [*16)]．

実験に使用する予定の PC でどの程度の「フリップ待ち」が生じるかを調べるには，psychopy.logging を用いると便利である．コード 2.27 7〜8 行目のように，psychopy.logging.LogFile() でログファイルオブジェクトを作成する．第 1 引数はログファイル名で，引数 level は記録されるイベントの重要度を表す．致命的なイベントから順に CRITICAL，ERROR，DATA，EXP，WARINING，INFO，DEBUG の 7 段階が定義されており，重大なエラーのみを記録する時には CRITICAL や ERROR を，視覚刺激パラメータ変更のタイミングなどを詳しく記録したい時には INFO にするとよい．DEBUG を選ぶと PsychoPy の動作を詳細に記録する．通常，指定された名前のログファイルが存在していれば末尾に追加する形で記録されるが，以前の内容を上書きしたい場合は filemode='w' を引数に加える．

9 行目でウィンドウを作成した後，10 行目で getActualFrameRate() メソッドを実行する．このメソッドは，ただ flip() のみを繰り返し実行して flip() に要する時間を計測して，その平均値から 1 秒あたり何フレーム描画できるかを計算する．ログレベルを DEBUG に設定しておくと，この結果が自動的にログファイルに出力される．11 行目の psychopy.logging.flush() でログファイルの内容を確実にファイ

*16) Window オブジェクト作成時に引数 waitBlanking=False を与えることによって VSYNC を待たずにフリップさせることは可能だが，ダブルバッファリングの恩恵は受けられない．

ルに書き出して終了する．実行すると，フルスクリーンモードで PsychoPy のウィンドウが開いたと思ったらわずか数秒で閉じてしまうが，それが正常な動作である．

コード 2.27 psychopy.logging を利用したリフレッシュレートのテスト

```
#coding:utf-8
from __future__ import division
from __future__ import unicode_literals
import psychopy.visual
import psychopy.logging

log_file = psychopy.logging.LogFile(
    'test.log', level=psychopy.logging.DEBUG)
win = psychopy.visual.Window(monitor='defaultMonitor', fullscr=True)
win.getActualFrameRate()
psychopy.logging.flush()
```

作成されたログファイルの例を以下に示す．基本的に 1 つのイベントが 1 行で出力されており，先頭よりスクリプト開始からの経過時間，続いてログのレベル，イベントの内容である．下から 2 行目の `actual frame rate measured at 60.00` が `getActualFrameRate()` の出力であり，1 秒間に 60.00 フレームが描画されたことを意味している (この行が見つからない場合は次段落参照)．1 秒間 60 回ということは，1 フレームの描画に要した時間の平均値は 1000 ミリ秒/60 = 約 16.7 ミリ秒である．したがってこの実験環境では，`flip()` を実行するとタイミング次第では 16.7 ミリ秒待たされることがわかる．これは，今までのサンプルで示してきたような `flip()` と `getKeys()`(あるいは `getPressed()` など) を繰り返し実行する場合，キー押しのタイミングによってはほぼ待ち時間なしでイベントを受け取れる場合もあれば，約 16.7 ミリ秒待たされる場合もあることを意味している．反応時間計測の精度がせいぜい 0.1 秒 (100 ミリ秒) のオーダーで確保できればよい実験であれば，ここで述べている問題は実質的に無視できるだろう．実際，通常の PC の用途ではフリップの間隔より高い分解能でキー押し時刻を計測しても意味がないので，このような設計で特に問題は生じない．しかし，1 ミリ秒のオーダーの精度を必要とする実験の場合は考慮する必要がある．

```
0.8541  INFO    Loaded monitor calibration from ['2016_01_01 00:00']
1.4923  EXP     Created window1 = Window(allowGUI=False, # 以下省略
1.4923  EXP     window1: recordFrameIntervals = False
1.6581  EXP     window1: recordFrameIntervals = True
1.8416  DEBUG   Screen (0) actual frame rate measured at 60.00
1.8416  EXP     window1: recordFrameIntervals = False
```

なお，コード 2.27 を実行すると，ログファイルに以下のような警告が出力されることがある．これは `flip()` の間隔が一定しなかった時に表示されるもので，使用中の PC が VSYNC を用いたフリップをサポートしていないために生じる場合が多い．グ

ラフィックの設定で VSYNC を使用するように設定されていることを確認し，常駐アプリケーション等を終了させて再実行してもまだ警告が表示される場合は，残念ながらその PC では正確な視覚刺激提示は保証されない．時間的な精度が求められる実験でなければこのまま使用しても構わないが，精度が必要な場合はグラフィックボードを交換可能な PC であれば最新のものに交換するか，PC 自体をより高性能なものに交換する必要がある．

```
1.8449  WARNING         Couldn't measure a consistent frame rate.
  - Is your graphics card set to sync to vertical blank?
  - Are you running other processes on your computer?
```

以上で flip() の働きと反応時間の計測に対する影響を解説を終えるが，反応時間の精度について議論するうえで，考慮しなければならない要因は他にもたくさんある．図 2.26 は，視覚刺激のオンセットからキーボードのキー押しによる反応までの時間を計測する時に，PC が行っている処理の概要を示している．通常，オンセットに対する反応時間というと，図 2.26 の点線の枠で囲んだ「刺激がスクリーン上に出現してからキーが押されるまでの時間」を指す．しかし，PC の内部では，まず Python が flip() を実行してモニターに描画されるまでの遅延がある．キーが押された後，キーボードのデバイスドライバがキー押しを検出して OS に通知するまでにもやはり遅延がある．高性能ゲーム用キーボードなどはこの遅延が短いが，安価なキーボードだとこの遅延だけで数十ミリ秒に達することもある．OS はキーボードドライバからの通知を処理し，どのウィンドウに通知すべきイベントであるかを確定する．その後 Python が getKeys() を実行すれば，ようやく OS からキー押しイベントを受け取ることができる．この getKeys() の実行を flip() の合間に実行している場合は，flip() の待ち時間が遅延の原因となるのはすでに述べた通りである．

至るところに遅延の原因があって驚かれたかも知れないが，これらは現代のマルチタスク OS が搭載された PC を刺激提示および反応計測に用いる以上は避けられない問題である．幸いこれらの遅延要因は変動が大きくないので，同一の PC やモニター，キーボード等を用いて，デバイスドライバなどのバージョンアップや設定変更を行わない限り，条件間での平均反応時間の差の検討には問題とならない可能性が高い．一方，異なる研究機関で同一の実験を行ったにも関わらず平均反応時間に大きな差が見られた場合は，実験参加者プールの違いや文化的な差を考慮するのと同レベルで，測定に用いた PC の差が原因という可能性を考慮すべきである．

ここまでの解説が理解できれば，視覚刺激と音声刺激の同期の問題を理解することは難しくない．flip() を実行すると，図 2.25 のような過程を経てモニター上に刺激が描画される．一方，play() は 2.3.9 項のサンプルで全く Window オブジェクトを用いなかったことからわかるように，ウィンドウとは独立して動作する．もう少し具

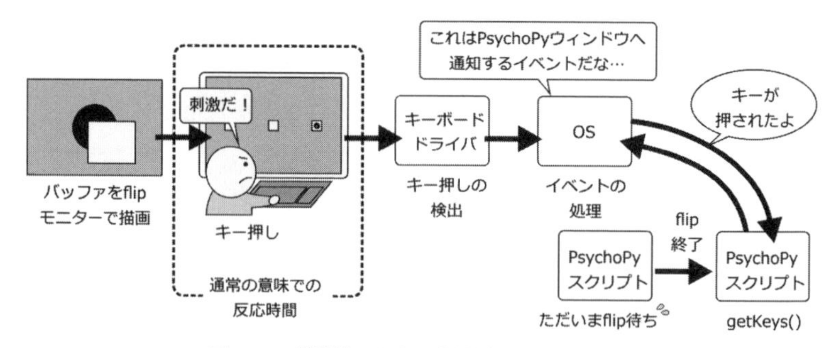

図 **2.26**　刺激提示から反応計測までの遅延要因

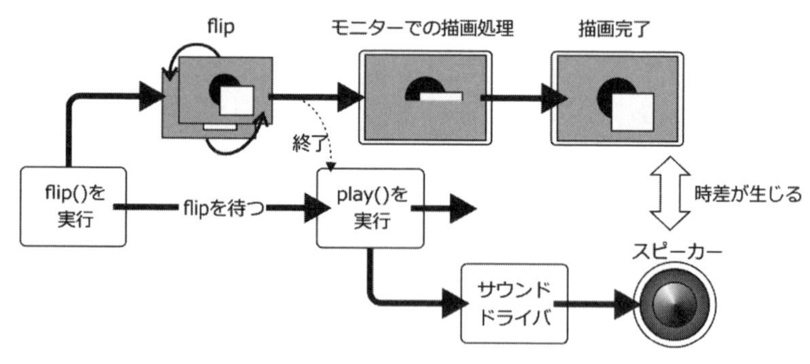

図 **2.27**　視覚刺激と音声刺激の時間差

体的に書くと，`play()` は音声を再生するためのハードウェアを制御している「サウンドドライバ」に対して指令を送り，サウンドドライバでの処理を経てスピーカーから音が鳴る．視覚刺激と音声刺激の同期は，フリップに要する時間，モニターでの描画に要する時間，サウンドドライバでの処理に要する時間に依存している．実際に要する時間は PC に搭載されているグラフィックとサウンドのハードウェアおよびデバイスドライバ，モニターに依存しているため，PC のセットアップによって視覚刺激と音声刺激の「ズレ」は異なる．先ほど「トリプルバッファリング」について述べたが，同じ PC でもグラフィックの設定をダブルバッファリングにするかトリプルバッファリングにするかでズレが変化することは理解いただけるだろう．ダブルバッファリングなら描画した後 1 回フリップすればモニターに送られるが，トリプルバッファリングなら描画後に 2 回フリップしなければならないからである．

このように視覚刺激と音声刺激の同期はかなり難しい問題だが，ひとつ明確なことは図 2.27 のように，`flip()` が終了した直後に `play()` を呼ぶ方が両刺激のズレが安定すると期待できる点である．先に `play()` した後に `flip()` すると，`flip()` の待ち時間の変動が両刺激のズレに反映されてしまう．

多くの心理実験では，両刺激のズレが大きな問題となることはないだろう．しかし，十数ミリ秒のズレが大問題となる多種感覚統合の実験などを実施する場合は，視覚刺激と音声刺激のズレを正確に把握しておく必要がある．そのような場合は実際の刺激提示モニターの表示とスピーカーからの出力を何らかの方法で同時計測するしかない．例えばモニターの輝度変化を検出するためにフォトダイオードをモニター表面に貼り付けて，音声刺激のオンセットを検出するためにマイクを用意して，両者の出力を同一の AD コンバーターへ入力して記録するといった方法である．

以上で PsychoPy による刺激提示および反応時間計測の仕組みと精度についての解説を終えるが，最後に `psychopy.logging` について補足する．まず，ログファイルを開いた状態で `psychopy.logging.log()` という関数を実行すると指定したレベルのログを出力することができる．引数 `message` はログファイルに出力する文字列，引数 `level` がレベルの指定である．レベルは以下のように `psychopy.logging` 内に定数として定義されている数値で指定する．

```
psychopy.logging.log(
    message='Control conditon',level=psychoy.logging.EXP)
```

なお, ERROR レベルのログを出力する時には `psyhcopy.logging.error()`, INFO レベルのログを出力する場合は `psychopy.logging.info()` という具合に各レベルに対応したログ出力関数も用意されている．引数 `message` にログファイルに出力する文字列を指定する．

`psychopy.visual` に含まれる視覚刺激オブジェクトの大半は `name` という引数を持っており，`name` に適切な文字列を指定しておくと，ログファイル上でこれらの視覚刺激オブジェクトのパラメータが変更された場合などにオブジェクトの名前として表示される．例として，`name` を `'target'` として作成した刺激の位置を `[0.5, 0.0]` に変更した時のログの出力例を示す．`'target:'` と書かれている部分がオブジェクトの名前であり，`'target'` の位置を `[0.5, 0.0]` に変更したことがわかりやすい．`[0.5, 0.0]` が `array()` に囲まれているのは，PsychoPy の内部で視覚刺激の位置が NumPy の行列であることを意味している．NumPy については第 3 章で詳しく触れる．

```
3.6122  EXP     target: pos = array([ 0.5,  0. ])
```

バッファをフリップした時刻は非常に重要な情報なので，フリップした時刻をより正確に出力するために `Window` オブジェクトには `logOnFlip()` というメソッドが用意されている．図 2.28 に `logOnFlip()` によるログ出力の実行タイミングを示す．`logOnFlip()` で foo，`flip()` 終了直後の `log()` で bar というメッセージを出力しているが，`logOnFlip()` による出力は `flip()` 関数内で行われるため foo の出力と bar

```
win.logOnFlip('foo', level=psychoy.logging.INFO)
win.flip()
psychopy.logging.log('bar', level=psychoy.logging.INFO)
```

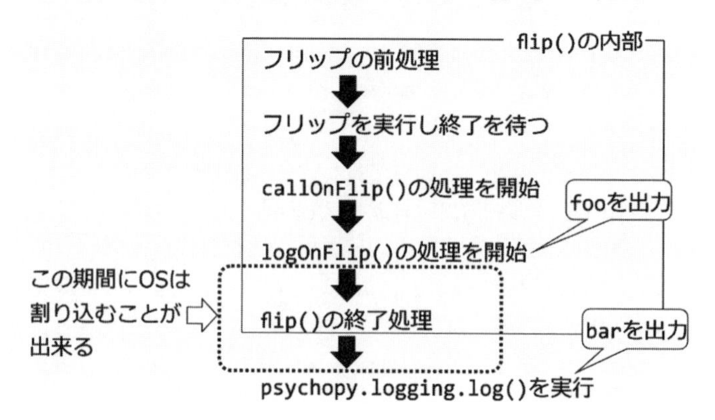

図 **2.28**　logOnFlip() および callOnFlip() の実行タイミング.

の出力のタイミングにはわずかな時間差が生じる．通常この時間差は 1 ミリ秒にも満たないが，OS は緊急度の高い処理がある時に Python の処理を一時停止させる権限を有しているので，この期間に緊急度の高い処理が割り込んでくると時間差が大きくなる．実際に割り込みが生じる可能性は低いがゼロではないので，万全を期するのであれば覚えておきたいテクニックである．2.3.5 項で用いた `callOnFlip()` が `flip()` 終了後よりフリップ時刻に近いタイミングで関数を実行できる理由も同様である．

`logOnFlip()` の第 1 引数はログファイルに出力する文字列で，レベルを引数 `level` で指定することができる．刺激のオンセットやオフセットを行う `flip()` の直前に `logOnFlip()` を実行すればよい．`logOnFlip()` が有効なのは次の `flip()` のみなので，`flip()` 毎にログに出力を行うには毎回 `logOnFlip()` を実行しておかなければならない．

■ 練 習 問 題

1) コード 2.27 を自分の実験用 PC で実行して，`flip()` の平均所要時間を確認せよ．
2) 2.2.4 項のコード 2.4 に `psychopy.logging.LogFile` オブジェクトを追加して，ログレベルを EXP に設定してどのような情報がログファイルに出力されるか確認せよ．確認したらこのログファイルを別名で保存しておき，続いてコード 2.4 23〜29 行目の `Rect()` に引数 `name` でそれぞれ名前を付けて実行し，作成されたログファイルを先ほど別名で保存しておいたログファイルと比較せよ．
3) 2.2.4 項のコード 2.4 を変更して，刺激のパラメータが変化したフレームのみ `logOnFlip()` で `flip()` のログを出力せよ．ログのレベルは EXP とする．

2.4.2　ioHub パッケージ

前項で述べた反応計測の精度に影響を与える要因のうち，`flip()` 待ち時間の問題を改善する ioHub というパッケージが存在する．ioHub は PsychoPy 1.77 から PsychoPy のパッケージに含まれており，`import psychopy.iohub` として import することができる．PsychoPy 1.81 リリース時に後方互換性がない形で更新されたり，PsychoPy Builder から未だに利用できるようになっていなかったりするなど開発途上の感があるが，非常に強力な機能を持つパッケージである．「実行する PC の CPU に少なくとも 2 個以上の物理的なコアが存在する」ことがハードウェアとしての要件だが，現在入手できる多くの PC はこの要件を満たしているだろう．

ioHub は，簡潔に言えば「PsychoPy とは別プロセスで動作する，キーボードやマウスをはじめとする各種入出力デバイスやアイトラッカーと PysychoPy を仲介するモジュール」である．「別プロセスで動作する」ことが重要なポイントである．というのも，`flip()` の待ち時間に `getKeys()` が実行できなかったのは，両者が同一プロセス，同一スレッドで動作しなければならないという制限があったからである．2.2.1 項の話を思い出してほしい．現在の OS では様々なアプリケーションが同時に実行されており，キーボードやマウスが操作されたというイベントをどのアプリケーションに通知するかは OS が管理する．OS が「このマウスクリックはインターネットブラウザ向け」として処理したイベントを，文書作成アプリケーションが勝手に受け取ることはできない．同様に，「PsychoPy のウィンドウ向け」と処理されたイベントは，PsychoPy 自身が OS に貰いに行かなければならない．しかし，`flip()` の VSYNC 待ちの作業は，イベントの受け取りと並行しては行えない作業なのである．結果的に `flip()` をしている間はただ VSYNC を待つしかない．

ioHub は，PsychoPy とは別プロセスで動作する．つまり，PsychoPy が VSYNC を待っているか否かに無関係に動作する．そして一般的なアプリケーションと異なり，ioHub は他のアプリケーション向けのイベントにアクセスできるように作られている．ioHub で PsychoPy ウィンドウ向けのイベントを監視させてイベントの時刻を記録させておけば，PsychoPy は `flip()` 終了後にきちんと時刻付けされたイベントを受け取ることができる．図 2.26 で示した遅延のすべてを解消できるわけではないが，`flip()` 待ちという変動幅が大きな遅延要素を排除できるだけでもメリットは大きい．

コード 2.28 に ioHub によるキーイベント検出の例を示す．実行すると画面中央に PsychoPy のウィンドウが表示され，キーを押したり離したりするとイベントの内容が表示される．図 2.29 は Shift キーを押しながら U キーを押した後，U キーのみを離した時の表示例である．まず 1 行目の type に KEYBOARD_RELEASE とあるように，`psychopy.event` の `getKeys()` では検出できなかったキーリリースも検出できる．KEYBOARD_RELEASE が発生するまではキーが押されているということだか

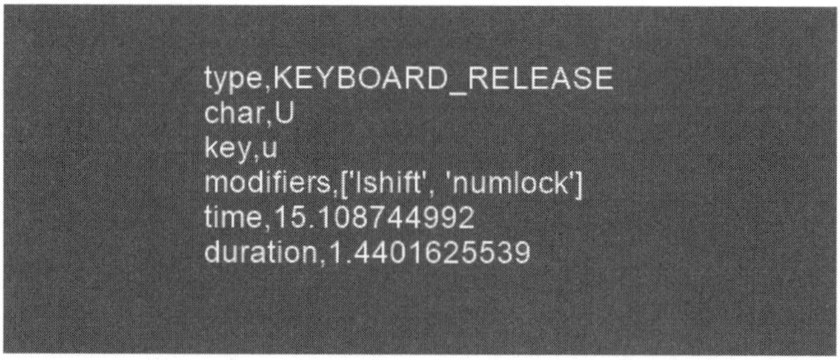

```
type,KEYBOARD_RELEASE
char,U
key,u
modifiers,['lshift', 'numlock']
time,15.108744992
duration,1.4401625539
```

図 **2.29** コード 2.28 を実行して左 Shift キーを押しながら U キーを押し，U キーのみを離した時の出力例．

ら，2.3.4 項で触れた「キーが押し続けられている」状態を検出できることを意味している．また，2 行目の char, U と 3 行目の key, u も注目に値する．key, u は U キーのイベントであることを示している．一方 char は，入力された文字が大文字の U である (shift キーが押されているため) ことを示している．この区別も `psychopy.event` の `getKeys()` では困難だった．modifiers は NumLock や Shift など，複数組み合わせて使うキーのうち押されているものを示している．time は `psychopy.event.Mouse` と同様に，ioHub 自体が内部に持っている Clock オブジェクトで計測したイベントの発生時刻である．最後の duration は KEYBOARD_RELEASE 時に表示される項目で，そのキーが押されていた時間を示している．全般的に，`psychopy.event` の `getKeys()` よりはるかに多機能であることがわかるだろう．ESC キーを押せばスクリプトは終了する．

なお，コード 2.28 は `Window()` に `fulscr=False` を与えて他のウィンドウを開けるようにしてあるので，適当にインターネットブラウザや文書作成アプリケーションなどを立ち上げて，PsychoPy のウィンドウが見えるようにウィンドウの位置を調整してから，そちらのアプリケーションにキー入力してみてほしい．ioHub が他のアプリケーションに対するキー入力を取得して反応する様子を見ることができる．面白いと言えば面白いが，ブラウザに入力しているパスワードを ioHub で取得できてしまうということを意味しているので，悪意ある者に使われると危険なモジュールであることがわかるだろう．くれぐれも本来の目的以外に使用しないようにしていただきたい．当然 ESC キーのイベントも取得するので，他のアプリケーションで ESC キーを押してもスクリプトは終了してしまう．

コード **2.28** ioHub によるキーイベント検出

```
1 #coding:utf-8
2 from __future__ import division
3 from __future__ import unicode_literals
4 import psychopy.visual
```

```
5  import psychopy.iohub
6
7  io = psychopy.iohub.launchHubServer()
8  attrs = ['type','char','key','modifiers','time','duration']
9
10 win = psychopy.visual.Window(units='height', fullscr=False)
11 state = psychopy.visual.TextStim(win,text='', height=0.04)
12 wait_keys = True
13 io.clearEvents('all')
14
15 while wait_keys:
16     events = io.devices.keyboard.getKeys()
17     message = ''
18     for event in events:
19         for attr in attrs:
20             if hasattr(event, attr):
21                 message += '{},{}\n'.format(attr,getattr(event,attr))
22         if hasattr(event,'key') and event.key=='escape':
23             wait_keys = False
24     if message != '':
25         state.setText(message)
26
27     state.draw()
28     win.flip()
29
30 io.quit() # 忘れずに実行すること
```

それではコード 2.28 のポイントを解説しよう．7 行目の `launchHubServer()` で ioHub のプロセスを開始する．戻り値は `psychopy.iohub.client.ioHubConnection` オブジェクトである．ioHub が開始された後，試行が開始される前までのイベントが蓄積されているので，試行開始直前に `clearEvents()` を実行してイベントを消去しておく (13 行目)．引数の`'all'` はすべてのデバイスのイベントを消去するという意味である．

実験中は，16 行目のように `ioHubConnection.devices.keyboard` オブジェクトの `getKeys()` メソッドでキーボード関連のイベントを取得できる．`psychopy.event.getKeys()` と似ているが，イベントがオブジェクトとして返される点が異なる．18 行目の `for` 文では行数を節約するために `hasattr()`，`getattr()` を活用しているが，`getattr(event,'key')` は `event.key` と同等だと思えばよい．`event.key` が`'u'` であれば U キーに関するイベントであるし，`event.time` が 1.22 なら計測開始後 1.22 秒後に生じたイベントだということである．

`psychopy.event.getKeys()` と同様にキー押しのイベントだけを取得したい場合は `getKeys()` の代わりに `getPresses()` というメソッドを利用できる．同様にキー離しイベントだけを取得する `getReleases()` や，キーイベントを待つ `waitForKeys()`， `waitForPresses()`，`waitForReleases()` といったメソッドが用意されているので，`psychopy.event` のキーボード関連関数のほぼ上位互換として使用できる．

最終行の `io.quit()` は ioHub のプロセスを終了する．ioHub は PsychoPy の実験スクリプト本体とは別プロセスで動作しているので，このように明示的に終了させないとプロセスが動作したままになってしまう．この状態でさらに次の実験を行って ioHub のプロセスを開始すると，複数の ioHub プロセスが動作することになるためパフォーマンスが低下する．`io.quit()` は忘れずに実行する必要がある．

以上で ioHub の解説を終える．Coder のメニューの「デモ」に ioHub のサンプルが多数あるので，マウス等を ioHub から利用する場合はそちらを参考にしてほしい．PsychoPy についてはまだまだ未解説の点が多いが，ここまで述べた内容を参考にしながら Coder の「デモ」メニューの数々のサンプルスクリプトを読めば使い方を理解できると期待したい．

■ 練習問題

1）コード 2.4 を変更して，ioHub でキー押しを検出，記録するようにせよ．

2.5 総仕上げ：視覚探索課題

この章の締めくくりとして，この章で解説したテクニックを用いて作成した視覚探索課題のスクリプトをコード 2.29 に示す．刺激提示のために，c.png と o.png という画像ファイルを使用している．図形の大きさは 30×30 ピクセル程度で，背景色を透明 (透過 PNG) または PsychoPy のウィンドウと同色にするとよい (図 2.30 A)．

画像ファイルをスクリプトと同じディレクトリに置いて実行すると，図 2.30 B のダイアログが表示される．各種設定 (後述) をして OK をクリックすると，図 2.30 C の教示画面が表示される．f か j のキーを押すと，図 2.30 D のような刺激が提示される．課題は，まず画面中央の点を固視し，1.0 から 1.5 秒後に出現する刺激の中にひとつだけ異なる図形が含まれているか否かをできるだけ早く正確にキー押しで答えることである．キーは f と j を用い，どちらに「含まれている」を割り当てるかは図 2.30 B の"Present" key で選択する．図形は図 2.30 A の C と O の 2 種類のみだが，どちらがターゲットとなるかは図 2.30 B の Target stimulus で選択する．図 2.30 B の Radius は中央の点から刺激までの距離 (単位は height) を指定する．Participant は参加者名の入力欄だが，内部では Target stimulus と併せて保存するファイル名として利用される．例えば Participant に 01 と入力し，Target stimulus を C_Target にすると，01_C.csv，01_C.log というファイルが保存される．したがって，Participant にファイル名として使えない文字を用いないように注意する必要がある．

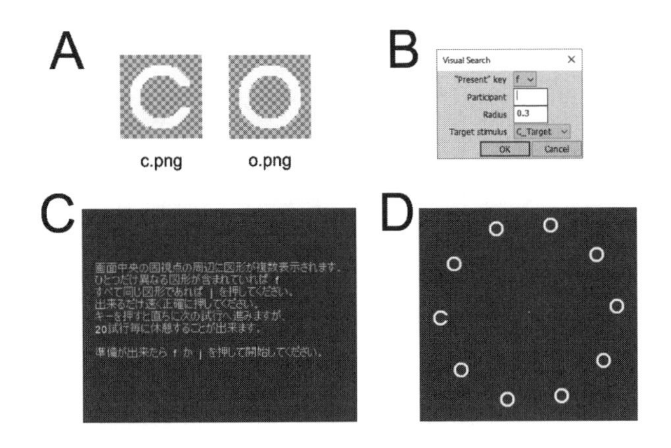

図 **2.30** 視覚探索課題 (コード 2.29). A:使用する画像ファイル, B:実行時に表示されるダイアログ, C:教示画面の例, D:刺激画面の例.

拡張子.csv のファイルは csv 形式のテキストファイルで，1 行が 1 試行に対応している．1 列目がアイテム数 (5,10,15 のいずれか)，2 列目がターゲットの有無 (present または absent)，3 列目が反応の正誤 (1=正答，0=誤答)，4 列目が反応時間 (ミリ秒) である．3 種類のアイテム数 ×ターゲットの有無 × 10 回繰り返しの 60 試行である．

ぜひ，ここまで学んだことを活かしてこのコードの動作を理解していただきたい．4 点補足しておくと，第 1 に `math` パッケージは 1.3.6 項で簡単に触れているが，初等数学関数や定数を定義したパッケージである．円周上に刺激を配置するために，円周率を表す `math.pi`，正弦関数 `math.sin`，余弦関数 `math.cos` を使用している．第 2 に，固視点の描画に `psychopy.visual.Circle` オブジェクトを使用している．`Rect` オブジェクトとほぼ同等だが，引数 `radius` 半径を与えることによって大きさを決定する点が異なる (`width`，`height` は使えない)．第 3 に，1.3.10 項で述べた複数行にわたる文字列を利用している．最後に，反応時間を計測する `Clock` オブジェクトのリセットに `callOnFlip()` を用いている．

コード **2.29** 視覚探索課題

```
1  #coding:utf-8
2  from __future__ import division
3  from __future__ import unicode_literals
4  import psychopy.visual
5  import psychopy.event
6  import psychopy.gui
7  import psychopy.core
8  import psychopy.logging
9  import random
10 import codecs
```

```
11 import math
12
13 param_dict = {
14     'Participant':'',
15     'Target stimulus':['C_Target','O_Target'],
16     '"Present" key':['f','j'],
17     'Radius':0.3}
18
19 dlg = psychopy.gui.DlgFromDict(param_dict, title='Visual Search')
20 if not dlg.OK:
21     psychopy.core.quit()
22
23 participant = param_dict['Participant']
24 target_stim = param_dict['Target stimulus']
25 present_key = param_dict['"Present" key']
26 radius = param_dict['Radius']
27 if target_stim == 'C_Target':
28     base_filename = participant + '_C'
29 else:
30     base_filename = participant + '_O'
31 data_fp = codecs.open(base_filename+'.csv','w','utf-8')
32 data_fp.write('items,target,correct,rt\n')
33
34 log_file = psychopy.logging.LogFile(base_filename+'.log',
35     level=psychopy.logging.EXP, filemode='w')
36 psychopy.logging.exp('Participant:{}'.format(participant))
37 psychopy.logging.exp('Target stimulus:{}'.format(target_stim))
38 psychopy.logging.exp('Present key:{}'.format(present_key))
39 psychopy.logging.exp('Radius:{}'.format(radius))
40
41 conditions = []
42 for target in ['present', 'absent']:
43     for items in [5, 10, 15]:
44         conditions.append([target, items])
45
46 conditions *= 10
47 random.shuffle(conditions)
48
49 win = psychopy.visual.Window(units='height', fullscr=True)
50 fix_image = psychopy.visual.Circle(
51     win, radius=0.001, fillColor='white', name='fix_image')
52 if target_stim == 'C_Target':
53     target_image = psychopy.visual.ImageStim(
54         win, 'c.png', name='target_image')
55     distractor_image = psychopy.visual.ImageStim(
56         win, 'o.png', name='distractor_image')
57 else:
58     target_image = psychopy.visual.ImageStim(
59         win, 'o.png', name='target_image')
60     distractor_image = psychopy.visual.ImageStim(
61         win, 'c.png', name='distractor_image')
```

```
62 inst_text = psychopy.visual.TextStim(win, height=0.03)
63 message = '''画面中央の固視点の周辺に図形が複数表示されます.
64 ひとつだけ異なる図形が含まれていれば　{}
65 すべて同じ図形であれば　{}　を押してください.
66 できるだけ速く正確に押してください.
67 キーを押すと直ちに次の試行へ進みますが,
68 20試行毎に休憩することができます.
69
70 準備ができたら　f　か　j　を押して開始してください.'''
71 if present_key == 'f':
72     inst_text.setText(message.format('f','j'))
73 else:
74     inst_text.setText(message.format('j','f'))
75
76 clock = psychopy.core.Clock()
77
78 inst_text.draw()
79 win.flip()
80 key = psychopy.event.waitKeys(keyList=['f','j','escape'])
81 if 'escape' in key:
82     psychopy.core.quit()
83
84 for trial in range(len(conditions)):
85     if trial!=0 and trial%20==0:
86         psychopy.event.getKeys()
87         message='''必要であれば休憩してください.
88 準備ができたら　f　か　j　を押して開始してください.'''
89         inst_text.setText(message)
90         inst_text.draw()
91         win.flip()
92         key = psychopy.event.waitKeys(keyList=['f','j','escape'])
93         if 'escape' in key:
94             psychopy.core.quit()
95
96     fix_image.draw()
97     win.flip()
98     psychopy.core.wait(random.choice([1.0,1.25,1.5]))
99
100    target = conditions[trial][0]
101    items = conditions[trial][1]
102
103    fix_image.draw()
104
105    offset = random.random()*360
106    for item in range(items):
107        angle = (360.0/items*item+offset)*math.pi/180.0
108        pos = (radius*math.cos(angle), radius*math.sin(angle))
109        if item==0 and target=='present':
110            target_image.setPos(pos)
111            target_image.draw()
112        else:
```

```
113                 distractor_image.setPos(pos)
114                 distractor_image.draw()
115 
116         win.callOnFlip(clock.reset)
117         psychopy.event.getKeys()
118         win.flip()
119         key = psychopy.event.waitKeys(
120             keyList=['f','j','escape'], timeStamped=clock)
121 
122         if key[0][0]=='escape':
123             break
124 
125         rt = key[0][1]*1000
126         if (key[0][0] == present_key and target=='present') or (
127             key[0][0] != present_key and target=='absent'):
128             correct = 1
129         else:
130             correct = 0
131 
132         data_fp.write('{},{},{},{:.1f}\n'.format(
133             items, target, correct, rt))
134         data_fp.flush()
135         psychopy.logging.flush()
136 
137 inst_text.setText('実験は終了しました．ご協力ありがとうございました．')
138 inst_text.draw()
139 win.flip()
140 psychopy.core.wait(2.0)
141 
142 data_fp.close()
143 win.close()
```

3 より高度な実験を実現するためのデータ処理

3.1 この章の目的

前章では，PsychoPy を用いて心理学実験のスクリプトを作成する方法について解説した．本章では，さらに高度な実験を実現するためのデータ処理の手法を解説する．「高度な実験」とは，例えば実験中に Web カメラで撮影した映像に別の画像を合成しながら参加者に提示したり，録音された参加者の音声データを解析して，参加者が音声反応をし始めるまでの時間を記録したりといった実験である．このような実験では，実験中に画像や音声データのリアルタイム処理を行う必要があるが，電子工作等でハードウェア的に実現する能力でもない限り，プログラミングを学ばなければ PC で実行することは難しい．

Python においてこのようなデータ処理を行う際に，中心的な役割を果たすのが NumPy パッケージである．NumPy はベクトルや行列の計算に利用できる多次元配列と，この多次元配列を利用した高度な数学関数群を提供するパッケージである．Python のようなインタプリタ方式の言語は処理速度の面で不利とされるが，NumPy は内部で BLAS，LAPACK，ATLAS などの高速演算ライブラリを利用するため，C 言語などで書かれたコンパイル済みのコードに匹敵する速度で動作する *1)．

恐らく読者の中には「自分が行いたい実験にはこんな複雑な処理は必要ない」と考える方も少なくないだろうが，NumPy は実験条件リストの作成や実験結果の解析にも役に立つので，学んでおくことを強くおすすめしたい．本章では，まず多くの実験で役に立ちそうな「参加者毎に異なるディレクトリに保存されたデータを集約し，SPSS や R などで分析しやすいようにまとめる」という処理を例として，NumPy の基礎的な使い方を解説する．その後音声処理，画像処理，非線形関数への当てはめについて解説する．これらの解説を通じて，多様な科学計算をサポートする SciPy，グラフ描画ラ

---

*1) Python で書かれたスクリプトは実行するたびに PC が理解できる「機械語」へ翻訳する必要があるのだが，NumPy は機械語で書かれているので翻訳の手間が省けると考えるとよい．

イブラリである Matplotlib，Python にデータフレーム機能を追加する pandas，画像処理ライブラリの PIL/Pillow，OpenCV といった，NumPy を活用する便利なパッケージについても触れる．NumPy をはじめこれらのパッケージはすべて Standalone PsychoPy に含まれているため，Standalone PsychoPy が使用できる環境が整っていればすべて使用することができる．

なお，SciPy や Matplotlib，pandas を活用すれば，実験終了後のデータの可視化や統計処理を Python で行うことも可能だが，本書では残念ながらそこまで解説することはできない．Matplotlib や pandas については日本語に翻訳された解説書が出版されているので，詳しく学びたい方はそれらの書籍等を参考にしていただきたい．本章のいくつかのコードは PsychoPy Coder ではなく IPython/Jupyter のようなインタラクティブな環境の方が作業しやすいが，残念ながら IPython/Jupyter についても本書では解説することはできない．

3.2　実験データの処理

3.2.1　複数のディレクトリに分散したデータの集約

第 2 章において参加者の反応を csv 形式のファイルに保存する方法を解説したが，第 2 章の方法に従うと実験スクリプトを 1 回実行する毎にひとつの CSV ファイルができるため，一人の参加者に対する実験を実験条件などに基づいて複数のスクリプトに分割して実施した場合などには，同一参加者のデータが複数のファイルに分割された状態で保存される．このようなデータは参加者別にディレクトリにまとめて保存しておけば整理がしやすいが，いざ分析をする際に表計算アプリケーションでひとつひとつ開いてひとつの表にまとめたり，記述統計量を計算したりするのは控えめに言っても面倒である．ファイル数によっては手作業で行うのは現実的ではない作業量となるだろう．幸い Python はこういった作業が得意なので，Python にさせるのが一番よい．

コード 3.1 は，参加者別にディレクトリにまとめて保存されている 2.5 節で示した視覚探索課題の実験結果を処理する例である．コード 3.1 とディレクトリと同一のディレクトリに data というディレクトリがあるとする．図 3.1 のように data ディレクトリに 01，02，…というサブディレクトリがあって，それぞれに参加者 01，02，…のデータが保存されている．サブディレクトリにはコード 2.29 によって作成された C_Target，O_Target 条件の CSV ファイルが 1 つずつ存在している．加えて，実験中の出来事などを随時記録するための拡張子.txt のテキストファイルが存在しているとする．

コード 3.1 では，参加者毎にアイテム数，ターゲットの有無，条件別に反応時間の

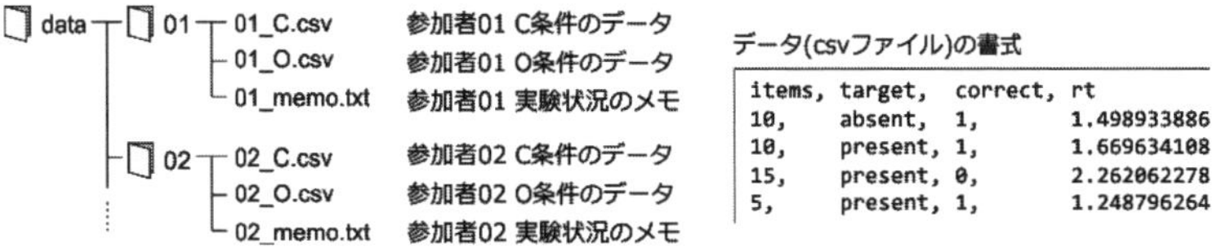

data ─ 01 ─ 01_C.csv 参加者01 C条件のデータ
─ 01_O.csv 参加者01 O条件のデータ
─ 01_memo.txt 参加者01 実験状況のメモ
─ 02 ─ 02_C.csv 参加者02 C条件のデータ
─ 02_O.csv 参加者02 O条件のデータ
─ 02_memo.txt 参加者02 実験状況のメモ

データ(csvファイル)の書式

```
items, target,  correct, rt
10,    absent,  1,       1.498933886
10,    present, 1,       1.669634108
15,    present, 0,       2.262062278
5,     present, 1,       1.248796264
```

図 **3.1** コード 3.1 で想定するディレクトリ構成およびデータファイルフォーマット

平均値を計算してテキストファイルに出力する．このコードは次項において NumPy によるデータの整理法を解説する際にも使用する．

コード **3.1** 複数ディレクトリに分散したデータの集約

```
#coding:utf-8
from __future__ import division
from __future__ import unicode_literals
import os
import pandas
import numpy as np

all_data = [] #全データ格納用リストを用意

for root, dirs, files in os.walk('data'):
    parent_dir, dir_name = os.path.split(root)
    if not dir_name.isdigit(): # フォルダ名は数値か？
        continue # 数値でないなら参加者データのフォルダではない

    individual_data = [[],[]] # 個人用データ格納用リストを用意

    for file in files: # フォルダ内のファイルを処理
        fileroot, ext = os.path.splitext(file) # 拡張子を分離
        if ext.lower() == '.csv': # csv ファイルのみ処理する
            # csv ファイルから pandas のデータフレームを作成
            df = pandas.read_csv(os.path.join(root,file))

            mean_rt = [] # 各条件の平均値を計算して格納
            for target in ('present', 'absent'):
                for items in (5, 10, 15):
                    tf_list = ((df['target']==target) &
                        (df['items']==items))
                    mean_rt.append(df['rt'][tf_list].mean())

            # インデックス 0にC 条件，1 に O 条件の結果を格納
            if '_C' in fileroot:
                individual_data[0] = mean_rt
            else:
                individual_data[1] = mean_rt

    all_data.append(individual_data)

with open('all_data.txt','w') as fp:
```

```
39        for participant in all_data:
40            for data in participant:
41                fp.write('{}\n'.format(data))
```

コード 3.1 の処理の要は 4 行目で import している os パッケージである．os はファイルの作成や削除といった OS の様々な機能を Python から利用するパッケージであり，このサンプルは 10 行目で os.walk() を利用している．walk() は引数に与えられたディレクトリからサブディレクトリを走査して，現在走査中のディレクトリ名，そのディレクトリに含まれるサブディレクトリ名のリスト，そのディレクトリに含まれるファイルを返すジェネレータ *2) を返す．10 行目のように for 文を用いると，walk() が作成したジェネレータから「現在走査中のディレクトリ名」,「ディレクトリに含まれるサブディレクトリ名のリスト」,「ディレクトリに含まれるファイル名のリスト」の 3 つを要素とするタプルが得られる．10 行目では，タプルの各要素をそれぞれ root，dirs，files に代入している．1.3.1 項で紹介した，カンマ区切りで列挙した変数にタプルの各要素を代入する式の応用である．図 3.2 は walk() の動作例を示している．現在のディレクトリにサブディレクトリが存在すればそのサブディレクトリに移動し，存在しなければ親ディレクトリに戻って他のサブディレクトリを探す．すべてのサブディレクトリを移動しつくすと終了する *3)．

11 行目の os.path.split() は引数に与えられた文字列をパスとして解析し，パスの最後の要素とその「親」ディレクトリを (親ディレクトリ, 最後の要素) の順に並べたタプルとして返す．例えば'C:/Work/Experiment01' を引数として渡すと ('C:/Work', 'Experiment01') が引数として得られる．11 行目で現在走査中のディレクトリを格納した変数 root を split() に与えることによって，現在走査中のディレクトリ名のみが得られる．図 3.1 に示した通り，参加者のデータは参加者番号で命名されているので，数値として解釈できないディレクトリであればそれは参加者データが保存されたディレクトリではない．そこで，文字列が数値として解釈できるか否かを判定する isdigit() メソッドを使用し，戻り値が False であれば continue で次のディレクトリへ処理を進める．

12 行目の if 文を通過すれば参加者データが保存されたディレクトリを現在走査中と考えられるので，15 行目で参加者データを格納するためのリストを用意する．後で C 条件，O 条件別に順序を指定して格納したいので，空のリストを二つ含むリストを作成している．

---

*2) 非常に大まかに言うと，呼び出しのたびに次の要素を返すオブジェクトのこと．詳しくは Python の入門書参照．

*3) これは walk() の引数 topdown がデフォルト値の True の場合の動作である．False の場合は下層から順番に走査する．

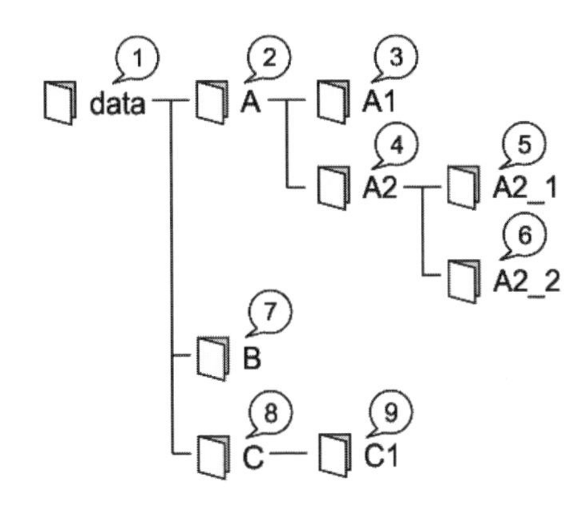

図 3.2 os.walk() によるサブディレクトリの走査．吹き出しの番号の順番にディレクトリ名，含まれるサブディレクトリのリスト，含まれるファイルのリストが得られる．

17 行目からは walk() を用いる時の定番の処理で，walk() によって得られたファイル名一覧 files から for 文を用いてひとつずつファイル名を取り出して処理を行う．図 3.1 に示したように，ディレクトリ内にはデータを格納した csv ファイル以外にもファイルが含まれているので，まず現在対象としているファイルが csv ファイルであることを確認する．ファイル名の拡張子を確認するには os.path.splitext() を用いるのが便利である (18 行目)．この関数は，引数の文字列をファイル名として解釈し，(拡張子の前の部分, 拡張子) の形のタプルを返す．続く 19 行目で拡張子が '.csv' であることを確認しているが，Windows ではファイル名に含まれるアルファベット大文字，小文字を区別しないため，'.CSV' と大文字の拡張子がつけられていても対応できるように lower() メソッドを用いて小文字に変換している．拡張子が '.csv' であればデータファイルなのでデータの読み込みを始める．

読み込みには codecs.open() を用いてテキストファイルとして開いた後，1 行ずつ読み込んでカンマ区切りのデータを分解するコードを書く方法もあるが，ここでは pandas パッケージの CSV 読み込み関数 read_csv() を用いる方法を紹介する．使用法は簡単で，単に read_csv() に読み込む csv ファイル名を引数として渡すだけだが，os.walk() と組み合わせて使用する場合には注意が必要である．例えば図 3.1 の data/01 ディレクトリを走査中の時，変数 file には'01_C.csv' のようにファイル名のみが代入されている．これだけではどのディレクトリの 01_C.csv というファイルなのか Python にはわからないので，現在走査中のディレクトリ名が代入されている変数 root と結合してパスを復元しなければならない．結合には os.path.join() を用いる．join() は 11 行目の split() と逆の働きをする関数で，OS によるパスの

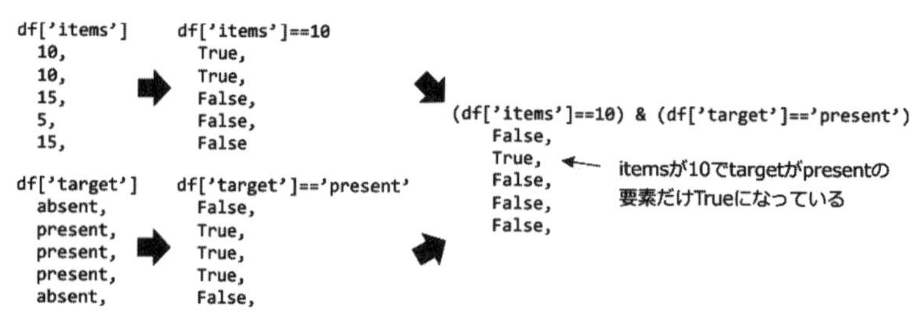

図 3.3 特定の条件に一致するデータ行のみ True となる Series オブジェクトを得る

区切り文字の違いを自動判別して適切な区切り文字で結合する．実験は Windows 上で行い Ubuntu で解析を行うといったように，複数の OS にわたって作業をする時に特に有効である．`join(root, file)` を `read_csv()` の引数とすれば，`walk()` の実行中に目的のファイルを開く際に便利である (14 行目).

`read_csv()` の戻り値は pandas の `DataFrame`[*4] オブジェクトで，データの抽出やグラフの描画など様々な処理を行うことができる．本書では詳しく解説することはできないので，読み込んだデータの抽出方法と簡単な計算方法のみを紹介する．`DataFrame` オブジェクトは，csv ファイルの 1 行目をキーとして 2 行目以降のデータを取り出すことができる．つまり，変数 `df` に `DataFrame` オブジェクトが代入されている場合，`df['target']` と書けば csv ファイル 1 行目に target とラベル付けられていた列の値を取り出せる．この方法で取り出した列のデータは，pandas の `Series`[*5] というオブジェクトで，通常のリストのように `[ ]` にインデックスを指定して要素を取り出すことができる．

pandas の `Series` オブジェクトは通常のリストと異なり，`df['items']==10` という具合に値との比較を行うと，個々の要素と値を比較した結果を `True, True, False, ...` と並べた `Series` オブジェクトが得られる．この真偽値を並べたオブジェクトをインデックスとして用いると，`True` であるインデックスの要素のみ抽出したデータサブセットを得ることができる．これは次項で紹介する NumPy の `numpy.ndarray` オブジェクトでも使用できるテクニックで，データの整理において欠かせないテクニックである．

コード 3.1 の 24～28 行目を詳しく見てみよう．図 3.3 を参考にしながら読み進めていただきたい．24～25 行目で `for` 文を多重に用いることによって，アイテム数とターゲット有無を変数 `items` と `target` に代入しながら両者のすべての組み合わせに対して処理を行っている．26 行目では，`df['items']==items` によってアイテム数が変数 `items` の

---

*4) 正確には `pandas.core.frame.DataFrame`.

*5) 正確には `pandas.core.series.Series`.

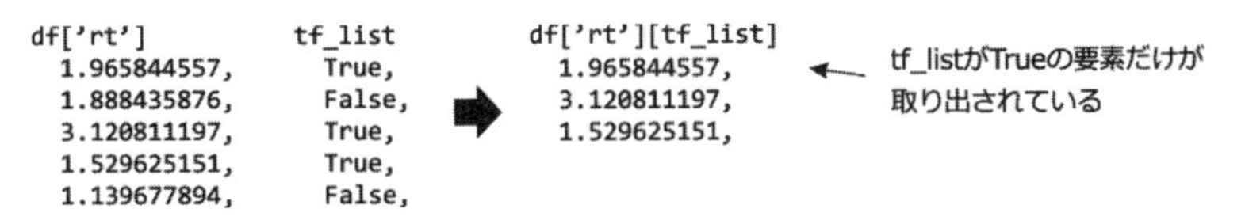

図 **3.4** 真偽値のリストをインデックスとして用いてデータを抽出する

値との比較結果を，df['target']==target によってターゲットの有無が変数 target の値との比較結果を得ている．今回は「アイテム数が 10 個でターゲットがあった試行の反応時間」といったこれらの条件の論理積が必要なのだが，論理演算子 and は Series オブジェクトの個々の要素に適用することができない．代わりにビット演算子 [*6] の論理積である&を用いて (df['items']==items) & (df['target']==target) とすれば，両条件を同時に満たす要素だけが True である Series オブジェクトが得られる．比較演算子==よりビット演算子&の方が計算時の優先順位が高いため，df['items']==items & df['target']==target という具合に ( ) を省略してはいけない．二つの条件のどちらかを満たす要素を取り出したいならば，ビット演算子の論理和である|を用いて (df['items']==items) | (df['target']==target) とする．

28 行目は複数の処理をまとめて実行しているので，順番に説明する．まず，先述の通り真偽値を並べたオブジェクトを Series オブジェクトのインデックスとして用いると，True に対応する要素だけを取り出した部分リストを得ることができる (図 3.4)．取り出し元と真偽値のリストの要素数が一致していればこの演算が可能なので，コード 3.1 の 26 行目のように items と target の列を利用して作成した真偽値のリストを rt 列からのデータ抽出に利用できる．抽出後のオブジェクトもまた Series オブジェクトなので，3.1 に挙げたものをはじめとする Series のメソッドを利用して計算ができる．28 行目では mean() を利用して平均値を求め，リスト mean_rt に追加している．24〜25 行目の for 文の順番より，ターゲットあり条件のアイテム数 5，10，15 の条件，ターゲットなし条件のアイテム数 5，10，15 の条件の順に追加されることを理解しておくこと．

31〜34 行目の if 文では，現在処理中のデータファイルが C 条件のものか O 条件のものかを判別して，計算した平均反応時間のリストを変数 individual_data に格納している．ファイル名に'_C'が含まれていれば C 条件，いなければ O 条件であることを利用して C 条件のデータが individual_data のインデックス 0 に格納されるようにしている．なお，os.walk() はディレクトリ内のファイルを名前順に並べて返すので，01_C.csv と 01_O.csv は必ず 01_C.csv が先に処理される．この性質を利用

[*6] 本来は 2 進数表現した数値の各桁毎に 1 を真，0 を偽として論理演算をする演算子である．

表 3.1　Series，ndarray で使用できる基礎的な計算メソッド

メソッド	機能	メソッド	機能
mean()	平均値を返す	std()	標準偏差を返す
max()	最大値を返す	min()	最小値を返す
argmax()	最大値のインデックスを返す	argmin()	最小値のインデックスを返す
sum()	全要素の和を返す	prod()	全要素の積を返す
abs()	絶対値を返す		

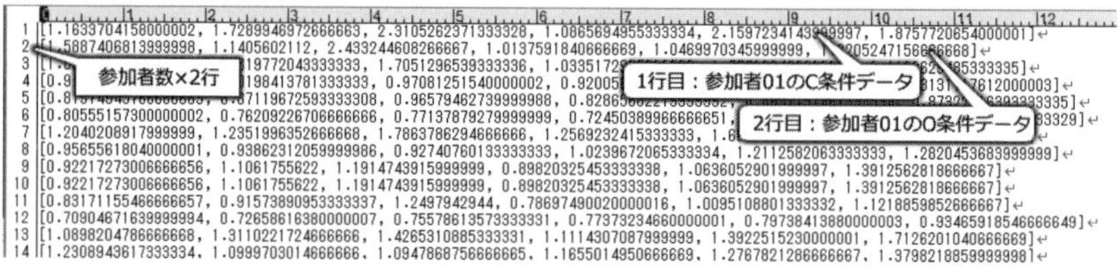

```
1 [1.1633704158000002, 1.7289946972666663, 2.3105262371333328, 1.0865694955333334, 2.1597234143999997, 1.8757720654000001]
2 [1.5887406813999998, 1.1405602112, 2.433244608266667, 1.0137591840666669, 1.0469970345999999, 1.[illegible]205247156[illegible]6668]
3 [[illegible]19772043333333, 1.7051296539333336, 1.0335172[illegible]85333335]
4 [0.9[illegible]198413781333333, 0.9708125154000002, 0.92005[illegible]7612000003]
5 [0.8[illegible]7119672593333308, 0.9657946273999988, 0.82865[illegible]393333335]
6 [0.8055515730000002, 0.7620922670666666, 0.7713787927999999, 0.7245038996666651, [illegible]33329]
7 [1.2040208917999999, 1.2351996352666668, 1.7863786294666666, 1.2569232415333333, 1.6[illegible]
8 [0.9565561804000001, 0.9386231205999986, 0.9274076013333333, 1.0239672065333334, 1.2112582063333333, 1.2820453683999999]
9 [0.9221727300666656, 1.1061755622, 1.1914743915999999, 0.8982032545333338, 1.0636052901999997, 1.3912562818666667]
10 [0.9221727300666656, 1.1061755622, 1.1914743915999999, 0.8982032545333338, 1.0636052901999997, 1.3912562818666667]
11 [0.8317115546666657, 0.9157389095333337, 1.2497942944, 0.7869749002000016, 1.0095108801333332, 1.1218859852666667]
12 [0.7090467163999994, 0.7265861638000007, 0.7557861357333331, 0.7737323466000001, 0.7973841388000003, 0.9346591854666649]
13 [1.0898204786666668, 1.3110221724666666, 1.4265310885333331, 1.1114307087999999, 1.3922515230000001, 1.7126201040666669]
14 [1.2308943617333334, 1.0999703014666666, 1.0947868756666665, 1.1655014950666669, 1.2767821286666667, 1.3798218859999998]
```

参加者数×2行

1行目：参加者01のC条件データ

2行目：参加者01のO条件データ

図 3.5　コード 3.1 の出力例

すると，ファイル名を判別せずに順番に append(mean_rt) すれば C 条件，O 条件の順に結果が格納されるが，os.walk() の性質を知らない共同研究者や研究を引き継いだ者などがコードを読む場合を考慮すると 31〜34 行目のように明示的に処理することが望ましい．

36 行目は，17 行目の変数 files に対する for 文と同じ字下げなので，すべての files に対する処理が終わった後に実行される．この時点で現在処理中の参加者の C 条件と O 条件の平均反応時間のデータが両方とも計算されて individual_data に格納されているので，変数 all_data に追加して次のディレクトリの処理へ移る．以上の処理をすべてのディレクトリに対して行うと，all_data には全参加者の平均反応時間のデータが格納されている．

最後の 38 行目以降は all_data の内容を all_data.txt という名前のテキストファイルに出力している．図 3.5 にテキストファイルの例を示す．2 行が参加者 1 名のデータに対応しており，1 行目が C 条件，2 行目が O 条件のデータである．各行にはターゲットあり条件，なし条件のアイテム数 5 個，10 個，15 個の平均反応時間が順番に出力されている．参加者 1 名につき 2 行なので，参加者数 $\times 2$ の行数が出力されている．

新しい実験参加者のデータを追加しても，追加後にコード 3.1 を実行すれば出力結果に反映される．数日以上にわたって参加者を追加しながら実施するような実験において，1 名実験が終わるたびにデータを確認したりする場合にこのようなスクリプトを準備しておくと便利である．しかし，図 3.5 のような出力では表計算アプリケーションでグラフを描くにせよ，統計解析アプリケーションで解析を行うにせよ，どちらの場合でもデータの並び替えや更なる計算が必要になる．次項では NumPy の numpy.ndarray を用いて並び替えや計算の自動化を行う．

■ 練 習 問 題

1) コード 3.1 を，正答した試行の反応時間を用いて平均反応時間を計算するように変更せよ．

2) コード 3.1 を，反応時間が 200 ミリ秒未満または 3000 ミリ秒以上である試行を除いて平均反応時間を計算するように変更せよ．

3.2.2 ndarray オブジェクトからの要素の並べ替え

この節ではコード 3.1 の末尾にコードを追加する形で，NumPy によるデータ処理の中核となる numpy.ndarray の操作を解説する．追加するコードをコード 3.2 に示す．

コード 3.2　numpy.ndarray の基本操作

```
np_data = np.array(all_data)
shape = np_data.shape

# C 条件でターゲットありの全参加者の平均反応時間の値を得る
c_present_data = np_data[:,0,0:3]

# 各条件における全参加者の平均反応時間の平均値と不偏標準偏差の計算
mean_data = np_data.mean(axis=0)
std_data = np_data.std(axis=0, ddof=1)

# C 条件の結果を表計算アプリケーションでのグラフ描画用に並び替え
c_mean_data = np_data[:,0,:].mean(axis=0).reshape(2,3)

# 統計解析アプリケーションで用いられるwide 形式
wide_data = np_data.reshape(shape[0],shape[1]*shape[2])

with open('np_data.txt','w') as fp:
    fp.write('\n--c_present_data--\n')
    for data in c_present_data:
        fp.write('{},{},{}\n'.format(*data))

    fp.write('\n---mean_data---\n')
    for data in mean_data:
        fp.write('{},{},{},{},{},{}\n'.format(*data))
    fp.write('\n---std_data---\n')
    for data in std_data:
        fp.write('{},{},{},{},{},{}\n'.format(*data))

    fp.write('\n--c_mean_data--\n')
    for data in c_mean_data:
        fp.write('{},{},{}\n'.format(*data))

    fp.write('\n---wide_data---\n')
    for data in wide_data:
        fp.write('{},{},{},{},{},{},{},{},{},{},{},{}\n'
            .format(*data))
```

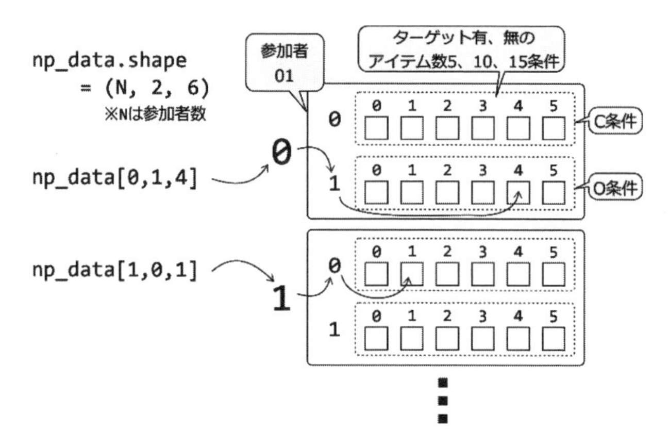

図 3.6　コード 3.2 で作成した ndarray オブジェクトの構造および [] 演算子による要素へのアクセス

コード 3.2 の 1 行目の np.array() は，シーケンスや pandas の Series オブジェクトなどから ndarray オブジェクトを生成する関数である．本来は numpy.array() という名前だが，前項のコード 3.1 の 6 行目において as を用いて numpy を np という短縮名で読み込んでいる．np という短縮名は NumPy の公式ドキュメントでも多用されるので，本書でもそれに従う．

ndarray オブジェクトは shape というデータ属性を持つ．shape は ndarray オブジェクトが格納しているデータの構造を表しており，今回のデータでは (N, 2, 6) というタプルとなる (N は参加者数；以下本項では同様)．図 3.7 はこのデータの構造を図式化したものである．(N, 2, 6) の後ろから順に，6 はコード 3.1 においてひとつのデータファイルから計算したターゲットあり，なしのアイテム数 5，10，15 条件の 6 つの平均値を計算して mean_rt というリストにまとめたことに対応し，次の 2 は mean_rt が C 条件，O 条件の 2 条件に対して計算されて individual_data というリストにまとめたことに対応している．先頭の N は all_data に individual_data を参加者数だけ append したことに対応している．shape の要素数を ndarray の次元と呼び，ndim というデータ属性で参照できる．今回の場合 ndim は 3 である．

ndarray では，[] の中に，次元と一致する個数のインデックスをカンマ区切りで記入して要素を取り出すことができる．図 3.7 に示すように np_data[0,1,4] であれば最初の次元のインデックス 0，2 番目の次元のインデックス 1，3 番目の次元のインデックス 4 の値が得られる．np_data[1,:,1] のように 2 番目の次元にスライスを用いれば，2 番目の次元に関して複数の値を抽出した ndarray オブジェクトが得られる．コード 3.2 の 5 行目はこの演算を利用して C 条件でターゲットあり条件の全参加者の平均反応時間の値を得ている．[] 内を確認しておくと，まずの第 1 次元は全参加者の

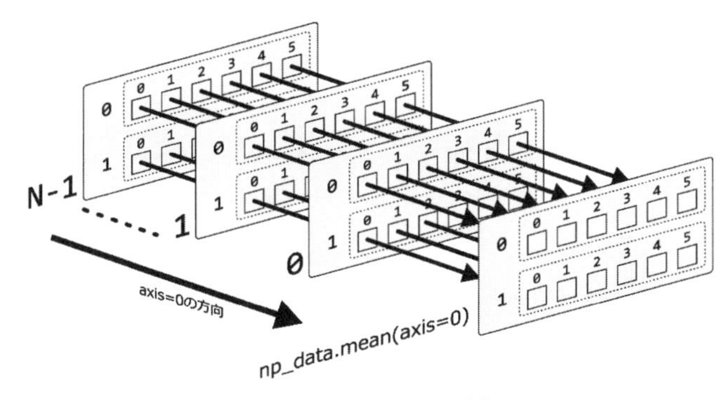

図 3.7　axis を用いた演算

値を得るので :，第 2 次元はインデックス 0 に C 条件の値が格納されているので 0，第 3 次元においてターゲットあり条件の結果はインデックス 0 から 2 まで (それぞれアイテム数 5，10，15) の 3 個なので 0:3 である．

表 3.1 に挙げた平均値や和を計算するメソッドは，引数 axis を用いることによって特定の次元に対して適用することができる．コード 3.2 の 8 行目は axis の使用例を示している．図 3.6 のように，mean() の引数に axis=0 を指定すると，インデックス 0 の次元，すなわち 1 番目の次元に沿って平均値の計算が行われる．結果として得られるのは，元の shape=(N,2,6) の 3 次元のデータに対して shape=(2,6) の 2 次元のデータである．2 次元以上の ndarray オブジェクトで平均値を計算する場合は，計算したい次元のインデックスを軸に指定すると覚えておけばよい．コード 3.2 の 9 行目は同様の方法で標準偏差を計算しているが，ddof=1 という引数が添えらえている．ddof は標準偏差の計算時に分母のデータ数から引く値である．データ数から 1 を引くということは，不偏標準偏差を計算するということである．ddof のデフォルト値は 0 なので，ddof を省略すると標本標準偏差が計算される．

コード 3.2 の 8〜9 行目の処理では，C 条件，O 条件のターゲットありとなし試行の平均値が 1 行に並んで出力される．一方，表計算アプリケーションにデータを読み込んで折れ線グラフや棒グラフを描画する際に，あり試行となし試行をそれぞれグループにまとめたければ独立した行に並べる必要がある．このような並べ替えに便利なメソッドが 12 行目で使用されている reshape() である．12 行目ではまず no_data[:,0,:] によって全参加者の C 条件のデータのみが取り出されて shape=(N,6) の ndarray オブジェクトとなっている．続いて mean(axis=0) により，最初の次元に沿って平均値が計算されるので，さらに次元が減って shape=(6,) の 1 次元の ndarray オブジェクトが得られる．最後に，この 1 次元 6 要素のオブジェクトに対して reshape(2,3) が実行される．reshape() は n 個の整数を引数として与えると，引数通りの shape を持つ ndarray オブジェクトを返す．データは一度 1 次元に展開された後，最後の引数で

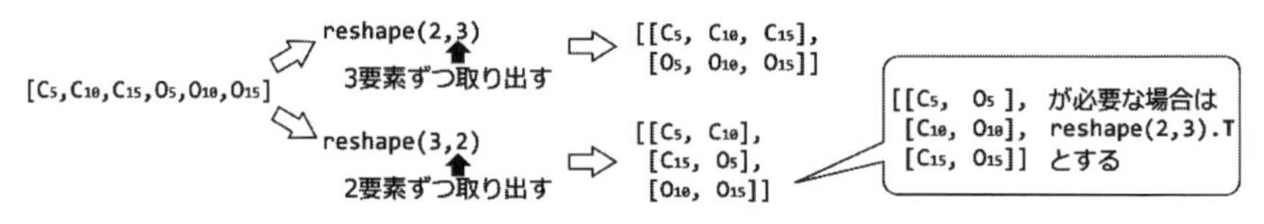

図 3.8　reshape によるデータ構造の変更

指定された次元から順番に再配列される *7). 当然ながら, reshape() の実行前後で要素数が変化してはならない. すなわち, 実行前の shape の全要素の積と reshape() の引数の積は一致しなければならない.

12 行目の場合, 図 3.8 左に示したように C 条件のアイテム数 5, 10, 15, O 条件のアイテム数 5, 10, 15 の平均値に展開された後, 図 3.8 中央上段のように 3 個ずつ値を取り出して ndarray オブジェクトを組み立てていく. 仮に reshape(3,2) とした場合は, 2 個ずつ取り出していくので図 3.8 中央下段のようになる. 表計算ソフトでグラフを描く場合で, 図 3.8 右の枠内のように行をアイテム数, 列を条件としたい場合は reshape() だけではうまく並べられないので, 一旦 reshape(2,3) で並び替えた後に行列の転置を行えばよい. 行列の転置は ndarray のデータ属性 T を用いるか, メソッド transpose() を用いる.

```
1 np_data[:,0,:].mean(axis=0).reshape(2,3).T
2 np_data[:,0,:].mean(axis=0).reshape(2,3).transpose()
```

コード 3.2 の 15 行目は, reshape() を用いて R の anovakun などで分散分析を行う際に利用できる wide 形式にデータを並べ替える例である. wide 形式とは図 3.9 上のように, 1 行に 1 名の参加者の全条件のデータが参加者内要因毎に入れ子状に並ぶ形式である. 入れ子状とは, C 条件と O 条件の中にターゲットあり条件, なし条件がこの順番に並んでいて, ターゲットあり条件となし条件の中にアイテム数 5 個条件, 10 個条件, 15 個条件がこの順番に並んでいるということである. 今回のデータには参加者間要因が存在しないが, 参加者間要因がある場合はさらに各参加者がどの水準に含まれるかを示すラベルを並べる列が必要となる.

図 3.9 下は, 15 行目の reshape() による並び替えを図示したものである. 15 行目で用いられている変数 shape には 2 行目で元データの shape である (N,2,6) が代入されているので, reshape(shape[0],shape[1]*shape[2]) は reshape(N,2*6) となり N 行 12 列の ndarray オブジェクトが作られることになる. reshape() はまず 1 人目の参加者のデータの np_data(0,0,:) から 6 個の要素を取り, まだ 12 列に足りないのでさらに np_data(0,1,:) から 6 個の要素を取り出す. これで新しい ndarray オブジェクトの 1 行目が完成する. この時点ですでに np_data(0,1,:) からすべての

*7) reshape() に引数 order='F' を与えると最初の引数で指定された次元から順番に再配列される.

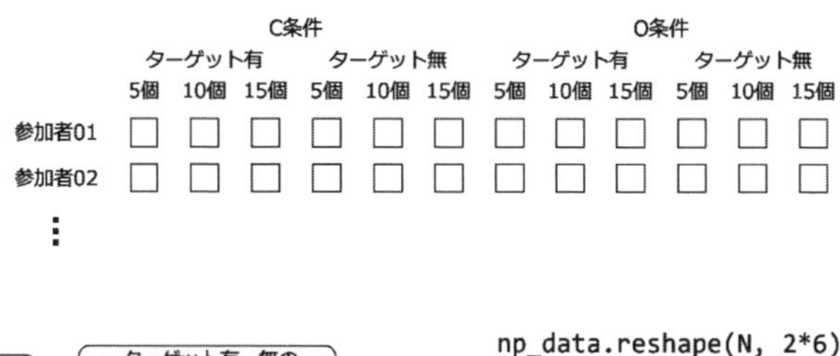

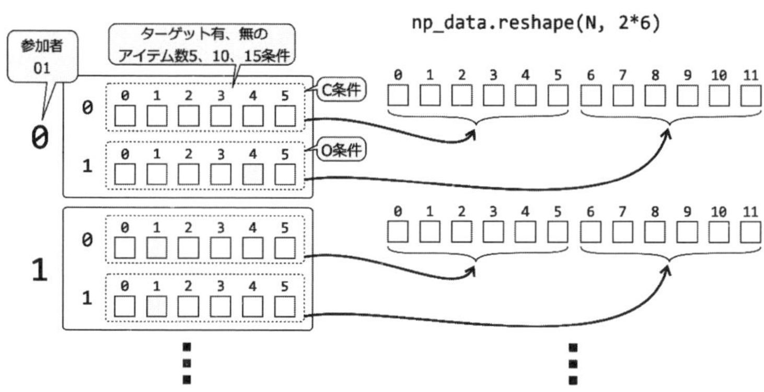

図 3.9 wide 形式への並べ替え.

要素を取り出し終えていて，`np_data(0,2,:)` は存在しない (第 2 次元の要素数は 2 なのでインデックスは 1 まで) ので，新しい `ndarray` オブジェクトの 2 行目の要素の取り出しは `np_data(1,0,:)` から始まる．以上の手順を繰り返すことによって，N 行 12 列の新しい `ndarray` オブジェクトが完成する．

なお，15 行目のように新しい `ndarray` オブジェクトの次元を決定する時に元となる `ndarray` オブジェクトのデータ属性 `shape` を利用するのは，`reshape()` 前後で異なる要素数を指定してしまう誤りを防いだり，実験中にデータが次々と追加されて `ndarray` オブジェクトの要素数が変化するような状況では有効である．ただし，本項の例のように参加者のみが追加されて各参加者が実施する実験の条件数が増えない場合は，`reshape()` の引数に `-1` を指定する方法も利用できる．`-1` は `reshape()` の引数の中で 1 回だけ使用することが可能で，元になる `ndarray` オブジェクトの要素数と `-1` 以外の引数の値から適切な値が計算される．例えば 15 行目は `reshape(-1,12)` と書いておくと，参加者のデータを追加しても `-1` の部分が自動的に計算される．

以上で `reshape()` の基本的な用法の解説は終わりだが，最後に転置との関連でひとつ注意しておきたい．`ndarray` のデータ属性 `T` またはメソッド `transpose()` で転置行列が得られることはすでに述べたが，1 次元の `ndarray` オブジェクトには行，列の概念がないので `T` や `transpose()` を適用しても何も変化しない．行ベクトル，列ベクトルを区別するには n 行 1 列，1 行 n 列の 2 次元の ndarray オブジェクトとする必要がある．1 次元の ndarray オブジェクトを 2 次元化する時にも reshape() は有効である．

```
np.array([1,2,3,4,5]).T  # np.array([1,2,3,4,5])と同じ
np.array([1,2,3,4,5]).reshape(1,5)   # 1行 5列の行ベクトル
np.array([1,2,3,4,5]).reshape(1,5).T # 5行 1列の列ベクトル
```

17 行目以降は 15 行目までに作成した ndarray オブジェクトをテキストファイルに出力する例である．出力している ndarray オブジェクトはすべて 2 次元に変換されており，for 文を用いて 1 行ずつ出力しているだけであって特筆すべき点はない．しかし，特に 35 行目は 12 列の要素を出力しなければならないため write() の引数の文字列が非常に長く読みにくい．実験によっては wide 形式で結果を出力すると数十列に達する場合があり，35 行目と同様に{}を並べるのは面倒である．このような場合は Python における文字列と整数の積を利用して ('{},'*12)+'\n' のようにすればよい．この方法では最後に余分な','が出力されるが，これが問題となる場合はスライスを用いて ('{},'*12)[:-1]+'\n' とすれば最後の',' を削除できる [*8)]．

最後に，コード 3.2 では使用していないテクニックをいくつか補足する．まず，l 行 n 列の行列と m 行 n 列の行列を 2 つ重ねて $l+m$ 行 n 列の行列を作るといった具合に，ndarray オブジェクトを結合するには np.vstack() および np.hstack() という関数を用いる．np.vstack() は縦方向，np.hstack() は横方向である．当然，結合する行列は vstack() の場合は列数，hstack() の場合は行数が一致していなければならない．

```
a = np.arange(6).reshape(2,3)    # 2行 3列
b = np.arange(9).reshape(3,3)    # 3行 3列
c = np.arange(4).reshape(2,2)    # 2行 2列

ab = np.vstack((a,b))    # a と b を縦に結合
ac = np.hstack((a,c))    # a と c を縦に結合
```

ndarray オブジェクトの要素を大小の順番に並び替えるには sort() メソッドもしくは np.sort() 関数を用いる．メソッドを利用すると，呼び出し元のオブジェクトの要素が並べ替えられる．この場合，元の順番は失われてしまう．元の順番を保ちつつ別の変数に並べ替えた結果を代入したい場合は関数の np.sort() を用いる．いずれの sort() も引数 axis で並べ替えに使用する軸を指定できる．昇順の並べ替えしかできないので，降順にしたい場合は sort() を実行した後に逆順に並べ替える必要が

---

*8) 呼び出し元の文字列を区切り文字として引数のシーケンスを結合した文字列を作成する join() メソッドを用いて','.join(['{}']*12) とすることもできる．

ある [*9)].

```
data.sort()                    # data の元の順番は失われる
sorted_data = np.sort(data) # data は変更されない
data.sort(axis=1)              # 軸の指定
```

類似の関数として，並べ替えた際に各要素がどのインデックスへ移動するかを表した ndarray オブジェクトを返す argsort() メソッド，np.argsort() 関数がある．sort() と異なり，メソッドとして呼ばれた場合も元の ndarray オブジェクトを変更しない．以下に argsort() の使用例を示す．戻り値 b のインデックス 1 の値が 5 となっているのは，元の a のインデックス 5 の位置にある値 (2.0) が並び替え後にはインデックス 1 の位置になるという意味である．したがって，a[b] とすれば np.sort(a) と同じ結果が得られる．非常に便利な関数なのでぜひ覚えておきたい．argsort() の引数や，昇順のみ可能という点は sort() と同様である．

```
a = np.array([0.0, 7.0, 3.0, 4.0, 9.0, 2.0])
b = a.argsort()  # b は array([0, 5, 2, 3, 1, 4])となる
c = a[b]         # c = np.sort(a)と同じ
```

■ 練習問題

1) C 条件でターゲットなし試行における各参加者の平均反応時間の最大値をアイテム数毎に求める式を考えよ．さらに，その最大の平均反応時間を記録した参加者を示すインデックスを求める式を考えよ．どちらも式を実行した戻り値は 1 次元で要素数 3 の ndarray オブジェクトとなる．
2) コード 3.2 の 35 行目を修正して，本文で解説した文字列と数値の積を利用する方法で{}を 12 個並べた文字列を Python に作成させるようにせよ．
3) コード 3.2 の 17 行目以降の write() の引数の文字列を変更して小数点第 3 位までの値を出力するようにせよ．

3.2.3 ndarray オブジェクトを用いた計算

前項までの解説では，詳細なデータ分析は表計算や統計処理アプリケーションを行うことを想定しており，平均値や標準偏差の計算や最大値，最小値の抽出程度の処理しか行わなかった．しかし，これらのアプリケーションへデータを移す前に単位の換算や変数変換などを簡単な計算をしておきたい場合もあるだろう．また，刺激作成の際にも ndarray オブジェクトの計算を覚えておけば非常に役に立つ．そこで本項では ndarray オブジェクトを用いた計算の基礎を解説する．

[*9)] さらに kind という引数で並び替えのアルゴリズムを'quicksort'，'mergesort'，'heapsort' のいずれかを指定できる．デフォルト値は'quicksort' である．

前項では np.array() を用いて ndarray オブジェクトを得る方法を紹介したが，ひとつ注意しなければいけない点がある．ndarray オブジェクトに格納できる値の種類に制限があり，np.array() で作成した ndarray オブジェクトの場合は np.array() の引数に含まれる値によって制限が異なるという点である．以下の例の 1 行目のように，引数の要素がすべて整数の場合は，整数のみ格納できる．2 行目のように引数が 1 つでも小数を含んでいれば小数を格納できる．整数しか格納できない ndarray オブジェクトに小数を代入しようとすると，3 行目のように小数点以下が切り捨てられた整数が代入される．エラーにならないので，意図せずにこのような切り捨てを行ってしまう可能性があって危険である．

```
1  x = np.array([1,2,3])     # すべて整数 → 整数のみ格納できる
2  y = np.array([1, 2, 3.0] # 小数を含んでいる → 小数も格納できる
3  x[0] = 0.5   # x は整数しか格納できないので x[0]=0となる
4  y[0] = 0.5   # y は小数を格納できるので y[0]=0.5となる
```

格納できる値の種類は ndarray オブジェクトの dtype というデータ属性に格納されている．上の例の x であれば int32，y は float64 という dtype となる．それぞれ 32 bit 符号付き整数，64 bit 浮動小数点数を表している．32 bit は 32 桁の 2 進数，64 bit は 64 bit の 2 進数を用いて値を表現しているという意味である．3.3.1 項でもう少し詳しく解説する．引数 np.array() に dtype を指定することで，戻り値の ndarray オブジェクトの dtype を明示的に指定できる．

```
1  z = np.array([1,2,3], dtype='float64') # すべて整数だがdtype を指定
2  z[0] = 0.5   # z[0]=0.5となる
```

ndarray オブジェクトはベクトルや行列のように，shape が一致していれば四則演算が可能である．例えば shape が一致する二つの ndarray オブジェクト x と y に対して，x+y の結果は x と y の各要素を足し合わせた同じ shape を持つ ndarray オブジェクトである．x*y や x/y も同様である．x と y のどちらか一方だけが数値の場合も，その数値が ndarray オブジェクトの各要素に対して加減乗除される．

```
1  np.array([1,2,3])+np.array([1,2,3])  # array([2,4,6])となる
2  np.array([1,2,3])*3                  # array([3,6,9])となる
3  np.array([1,2,3])*np.array([1,2,3])  # array([1,4,9])となる
```

リストの場合は x+y は 2 つのリストの結合であり，x*y は x を y 回繰り返す (y はリストであってはいけない) という全く異なる演算となるので，注意してほしい．

```
1  [1,2,3]+[1,2]    # [1,2,3,1,2]となる 長さが異なるリスト同士でも可
2  [1,2,3]*3        # [1,2,3,1,2,3,1,2,3]となる
3  [1,2,3]*[1,2,3]  # エラーとなる
```

ベクトル同士の積といえば内積と外積が思い浮かべる読者も多いだろうが，内積は np.dot(x,y)，外積は np.cross(x,y) を用いる．行列同士の積，行列とベクトルの

積も np.dot() で計算できる．

np.zeros(shape) は，引数 shape で指定した shape を持つ要素がすべて 0 の ndarray オブジェクトを返す．同様に np.ones(shape) は要素がすべて 1 の ndarray オブジェクトを返す．np.identity(n) は n 行 n 列の単位行列を返す．numpy の下位モジュール numpy.linalg を import すると，ノルムや固有値，固有ベクトルの計算などの線形代数の演算関数を利用できる．

NumPy には円周率などの定数や，三角関数や指数関数などの多様な数学関数や定数が定義されている．例えば np.pi は円周率 π，np.e はネイピア数 e である．np.sin()，np.cos()，np.tan() はそれぞれ正弦，余弦，正接を返す．np.exp() は指数関数，np.log() は対数関数である．こういった定数や関数等は math というパッケージでも定義されているが，NumPy の数学関数は引数に複数の値を持つオブジェクトを与えると，個々の要素に対して関数を適用するという非常に便利な特徴がある．同様の計算を math.sin で行おうとするとエラーとなる．

```
math.sin([math.pi/4,math.pi/2]) # エラーとなる
np.sin([np.pi/4,np.pi/2])        # array([ 0.70710678, 1. ])となる
```

この例でわかるように，NumPy の数学関数の引数は ndarray オブジェクトである必要はなく，ベクトルや行列として解釈できるリストでも可である．ただし戻り値は ndarray オブジェクトとなる．ベクトルや行列として解釈できないリストとは，例えば [[1,2,3],[4,5]] のように同一レベルの要素数が一致しないものや，['absent',15] のように数値ではない値が含まれているものである．

log(−1) や 0/0 のように，解が計算できない式を NumPy で計算させた場合は np.nan という定数が返される．nan は Not a Number の意味である．NumPy の仕様上 np.nan == np.nan は False となるので，計算結果が np.nan であったかを確認するには np.isnan() を用いる必要がある．nan 同士の比較が False となることを逆手にとって，x != x とすることで x が nan であることを判定するテクニックがあるが，可読性が高くないのであまり推奨できない．

```
np.log(-1) == np.nan  # False になる
np.isnan(np.log(-1))  # True になる
```

計算結果が正の無限大になる場合は np.inf，負の無限大になる場合は-np.inf という定数が返される．np. とついているが，実体は通常の浮動小数点 (float) 型オブジェクトである．こちらは普通に比較演算子で判定することができる．

```
1 np.log(0) == -np.inf # True になる
```

最後に，これは NumPy ではなく Python 標準の機能だが，虚数単位を j で表すことができる．1+2j と書けば，$1+2\sqrt{-1}$ である．ただし，$1+\sqrt{-1}$ のつもりで 1+j

と書くと j という変数と区別できないので，$1+\sqrt{-1}$ は 1+1j と書く必要がある．複素数も，通常の実数と同じように (1+2j)*(1-2j) といった計算が可能である．複素数は complex というオブジェクトによって実現されており，データ属性 real で実部，imag で虚部が得られる．実部と虚部は NumPy の関数 np.real()，np.imag() でも得ることができる．もちろんこれらの NumPy の関数を複素数ベクトルに適用した場合，要素の実部，虚部を並べたベクトルを得ることができる．

NumPy の関数について知っておくとよいことはまだまだたくさんあるが，ただ列挙されても興味を持ちにくいだろうから，次節からは具体的な刺激の処理を取り上げよう．NumPy の関数と ndarray オブジェクトの性質を多用するので，わからなくなったら 3.2 節を復習すること．

■ 練 習 問 題

1）コード 3.1 を変更し，反応時間の単位をミリ秒に変換せよ．ただし元のデータファイルでは秒で記録されているものとする．

2）コード 3.1 を変更し，反応時間の単位をミリ秒に変換した後に対数変換せよ．x の常用対数を計算する NumPy の関数 np.log10(x) を使用してよい．元のデータファイルでは秒で記録されているものとする．

3.3　音声データの加工

3.3.1　データ加工の基礎

Python には wav ファイルを読み込む wave というモジュールがあるが，後で NumPy を用いて加工することを考えると scipy.io モジュールを利用する方が便利である．詳しくは SciPy のオンラインリファレンスを参照していただきたいが，scipy.io では wav ファイルや Matlab/Octave の.mat ファイルなど，いくつかのデータを読み込むための関数が用意されている．

コード 3.3 は wav ファイル ndarray オブジェクトとして読み込んでディレイ効果をかけて再生する例である．ディレイとは，音が鳴った一定時間の遅延後にやまびこのように同じ音が音量が下がって聞こえる効果であり，遅延と音量を調節することで音が反響しているような効果が得られる．2.3.9 項で PsychoPy を用いて録音する例を示したが，その際に録音したデータを利用することを想定している．

コード 3.3　音声データにディレイをかける (PsychoPy 1.84 では要変更)

```
1 #coding:utf-8
2 from __future__ import division
3 from __future__ import unicode_literals
4 import psychopy.gui
5 import psychopy.sound
```

```
 6  import psychopy.core
 7  import scipy.io.wavfile # wav ファイルの読み書きをするモジュール
 8  import numpy as np
 9  import matplotlib.pyplot as plt
10
11  delay = 0.1 # 0.1秒のディレイ
12  level = 0.3 # 原音の 0.3倍の音量
13
14  files = psychopy.gui.fileOpenDlg(prompt='wav ファイルを選んでください',
15      allowed='wav files (*.wav)|*.wav') # wav ファイルのみを表示
16  if files is not None: # ファイルが選択されずに閉じられるとNone
17      rate, original_data = scipy.io.wavfile.read(files[0])
18      data = original_data/(2**15) # データの範囲を-1.0～1.0に変換
19
20      delayed_data = data.copy() # 別変数に複製を作る場合はcopy()を使う
21      delayed_data[int(rate*delay):, :] += (level *
22          data[:-int(rate*delay), :])
23
24      # PsychoPy で再生する準備
25      original_sound = psychopy.sound.Sound(data, sampleRate=rate)
26      delayed_sound = psychopy.sound.Sound(
27          delayed_data, sampleRate=rate)
28
29      # まず元音声を再生し,続いて加工した音声を再生する
30      original_sound.play()
31      psychopy.core.wait(original_sound.getDuration())
32      delayed_sound.play()
33      psychopy.core.wait(delayed_sound.getDuration())
34
35      # 波形グラフを重ね描きして表示する
36      t = np.arange(data.shape[0])/rate
37      plt.plot(t, data[0], 'b-')
38      plt.plot(t, delayed_data[0], 'r-')
39      plt.show()
```

まず，11～12 行目ではディレイの長さと音量を定義している．この値を変更すればディレイの効果を調節することができる．14 行目は `psychopy.gui` の関数 `fileOpenDlg()` を用いてファイルを開く例である．使用している OS の標準の「ファイルを開く」ダイアログが開いてファイルを選択できる．引数 `allowed` にはダイアログに表示する「ファイルの種類」の文字列と拡張子を`|`で区切って列挙する．例えば “Text files (.txt)” と “All files (*.*)” を選択肢として表示したい場合は`'Text files (*.txt)|*.txt|All files (*.*)|*.*'` のように書く．何もファイルが選択されずにダイアログが閉じられれば `None`，ファイルが 1 個以上選択されていればファイルへのパスを並べたリストが得られる．16 行目で戻り値が `None` でないことを確認して処理を進めている．なお，PsychoPy 1.84 からダイアログの表示に使用するライブラリが変更されたため，`fileOpenDlg()` の引数 `allowed` は以下のように書く必要が

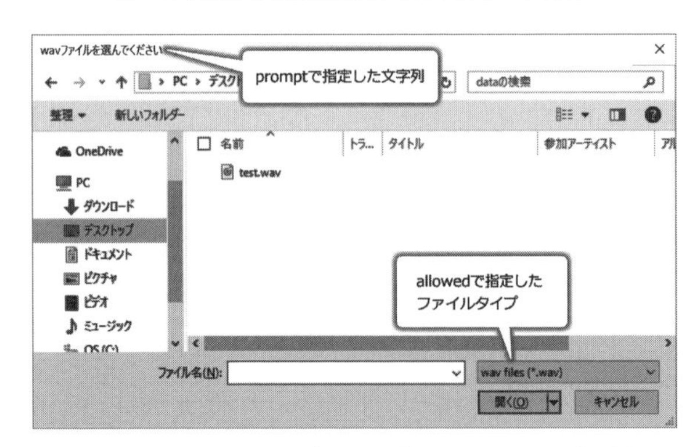

図 **3.10**　ファイルを開くダイアログ (Windows での実行例).

ある．複数の選択肢を表示したい場合は'Text files (*.txt);;All files (*.*)'のように 2 個のセミコロンで区切って書く.

```
files = psychopy.gui.fileOpenDlg(prompt='wav ファイルを選んでください',
    allowed='wav files (*.wav)') # wav ファイルのみを表示
```

17 行目が scipy.io.wavfile.read() が wav ファイルを読み込む関数である．変数 files は選択されたファイルを列挙したリストであり，複数のファイルが含まれている可能性があるが，この例ではリストの先頭のもの (files[0]) のみを処理の対象としている．すべてのファイルに対して処理を行いたければ for 文と組み合わせる必要があるだろう．wav ファイルが正常に読み込まれれば，変数 rate にサンプリング周波数，original_data に波形データが ndarray オブジェクトとして得られる．サンプル数 N，チャネル数ならば shape=(N,C) である．逆に ndarray オブジェクトを wav ファイルに書き出すには scipy.wavfile.write() を用いる．以下のように第 1 引数にファイル名，第 2 引数にサンプリング周波数，第 3 引数に ndarray オブジェクトを指定する.

```
scipy.io.wavefile.write(output_filename, rate, data)
```

18 行目は後で PsychoPy で再生するための準備である．PsychoPy の Sound() は ndarray オブジェクトを波形データとして再生することができるが，波形データの範囲が -1.0〜1.0 でなければならない．一方，wav ファイルには様々な形式があるが，2.3.9 項のコードで PsychoPy を用いて録音，保存したものであれば通常 16 bit 符号付き整数で波形が記録されている．16 bit 整数とは，16 桁の 2 進数で表される整数ということである．念のため復習すると，4 桁の 10 進数であれば 0 から 9999 までの 10000 種類，すなわち 10^4 種類の整数を表現できる．同様に考えると，16 bit 整数であれば $2^{16} = 65536$ 種類の整数が表現できる．これを 0 から 65535 に割り当てると負の数が表現できなくなってしまうので，65536 の半分である 32768 (2^{15}) 個の値を負の数に割り当てて，−32768 から 32767 を表現するのが「符号付き (signed)」の 16 bit 整数である [*10]．最大値が 32768 より 1 小さい 32767 であるのは，非負の整数を 0 から割り当てるからである．16 bit 符号付き整数を −1.0〜1.0 の範囲に変換する場合は，絶対値が最も大きくなる −32768 ($=-(2^{15})$) が −1.0 になるように，2^{15} で割ればよい．3.2.3 項で述べたように，`ndarray` オブジェクトのすべての要素を同じ値で割る場合はコード 3.3 の 18 行目のようにただ/演算子で割ればよい．

20 行目からが波形処理の本体だが，波形処理そのものの解説に入る前にひとつ重要なポイントを解説しておかなければならない．20 行目の `copy()` メソッドは，`ndarray` オブジェクトの複製を作成するメソッドである．プログラミング言語によっては `x=y` と代入するだけで `y` の複製が `x` に作成されるが，`ndarray` オブジェクトは巨大なデータを扱う可能性があるため，代入のたびに複製を作成していると効率が悪く処理速度の低下やメモリ不足を招く可能性がある．そこで，単に `x=y` とした場合は `y` に代入されたオブジェクトに `x` という名前でもアクセスできるようにし [*11]，明示的に `copy()` メソッドが呼ばれた時に複製を作成する．

```
1 y = np.array([1,2,3])
2 x = y
3 x_copy = y.copy()
4 x[0] = -1        # y[0]も-1になる
5 x_copy[1] = -1  # y[1]は 2のまま
```

これはリストでも同様であり，他のプログラミング言語から Python に移行する時によく戸惑いの原因となる．例えば以下のコードを実行した場合，3 行目を実行しても `y[1]` は 2 のままだと考える人が多いだろうが，`x` は単に `y` に格納されているリストの言わば別名に過ぎないので，`y[1]` は −1 となるのである．

```
1 y = [1,2,3]
2 x = y
3 x[1] = -1  # y[1]も-1になる
```

複製を作成するには，スライスを用いて元リストのすべての要素を持つリストを作成するか，copy モジュールを import して copy メソッドを使用する．

```
1 y = [1,2,3]
2 x = y[:]          # y の全要素を持つリストを作成して x に代入する
3 x = copy.copy(y) # 上記と同じ
4 x[1] = -1         # y[1]は 2のまま
```

ただし，この方法もリストの要素がまたリストである多重リストでは無効である．

---

*10) 16 bit で 0 から 65535 までの整数を表現する場合 16 bit「符号なし (unsigned)」整数と呼ぶ．

*11) C 言語や C++言語の知識がある方はポインタを想像するとよい．

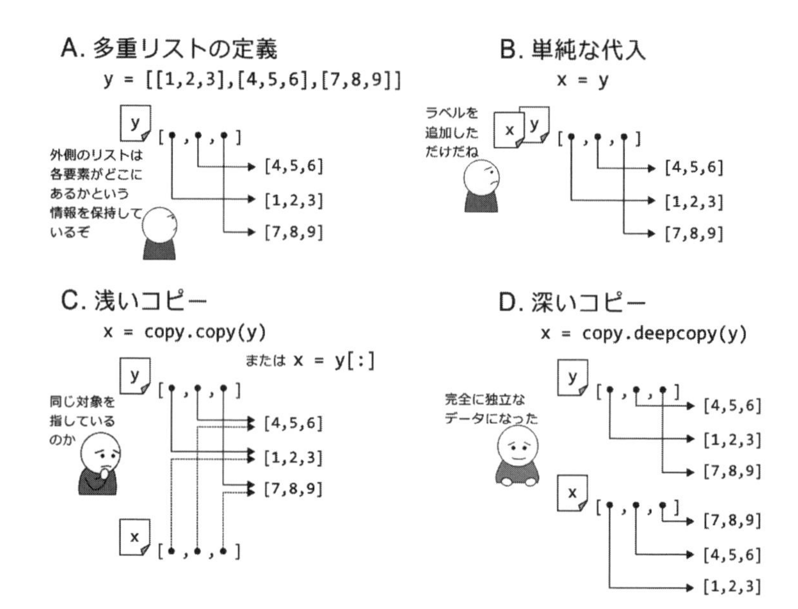

図 3.11　多重リストのコピー

複製されたリストは，内側のリストへアクセスするための情報を複製したものに過ぎないからである．多重リストの内容をすべて複製するには copy.deepcopy メソッドを使用する．

```
1 y = [[1,2,3],[4,5,6],[7,8,9]]
2 x_shallow = copy.copy(y)    # 浅いコピー
3 x_deep = copy.deepcopy(y)   # 深いコピー
4 x_shallow[0][1] = -1        # y[0][1]も-1になる
5 x_deep[0][2] = -1           # y[0][2]は 3のまま
```

スライスや copy.copy() を使う複製を浅いコピー (shallow copy), copy.deepcopy() を使う複製を深いコピー (deep copy) と呼ぶ．x=y が最も処理が速く，浅いコピー，深いコピーの順に処理に時間を要する．図 3.11 に多重リストのコピーを図としてまとめたものを示す．よく読み返してこれらの違いを理解してほしい．

ndarray オブジェクト，リスト共に，大きいサイズのデータのコピーには時間とメモリを要するので，コピーは本当に複製が必要な場合のみ使用すべきである．コード 3.3 では，最後に元音声と処理後の音声の両方を再生するために，データのコピーを作成して加工を行っている．

コード 3.3 の 21～22 行目では一気にディレイ処理を行っている．この式は図 3.12 と見比べると意味がわかりやすいだろう．まず，右辺の data[:-int(rate*delay), :] は元波形の末尾から遅延時間分だけデータを切り捨てた波形である．切り捨てるべ

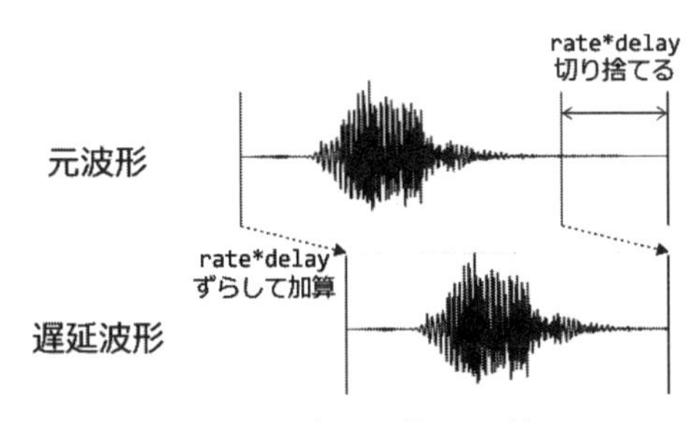

図 3.12 ディレイ効果の計算

きデータの個数は，サンプリング周波数が rate，切り捨てる時間 (秒) が delay に保持されているのだから rate*delay 個である．切り捨てるデータの個数は整数でなければならないので，int(rate*delay) として計算結果を整数にしておく．スライスを使って末尾から n 個のデータを切り捨てるには:-n と書けばよいので，n に int(rate*delay) を代入して:-int(rate*delay) とすれば遅延時間分のデータを切り捨てできる．波形データは第 1 次元が波形データ，第 2 次元がチャネルに対応していたので，data[:-int(rate*delay), :] とすればすべてのチャネルから遅延時間分のデータを切り捨てることができる．これに音量を低下させるための定数 level を掛けたものが 21〜22 行目の右辺 (つまり 22 行目) である．

後は作成した遅延波形を元波形に足し合わせるだけだが，足し合わせる範囲はどのような式になるだろうか．元波形の先頭から遅延時間分遅れた位置から遅延波形を加算しなければならない．遅延時間に対応するデータ個数はすでに解説した通り int(rate*delay) である．int(rate*delay) から末尾までが足し合わせの範囲なので，int(rate*delay):とスライスすればよい．足し算を行う際，先に述べたように元波形も再生できるようにそのまま保存しておきたいので，複製しておいた delayed_data に対して加算を行う．したがって，計算すべき式は以下の通りである．

```
delayed_data[int(rate*delay):,:] = delayed_data[int(rate*delay),:] +
    level * data[:-int(rate*delay),:]
```

x = x+y を x += y と書けることを利用してこの式を短く書いたものが 21〜22 行目である．この式が理解できれば ndarray オブジェクトの基本的な計算を理解できたと思ってよいだろう．わからない人は 3.2 節をよく復習してほしい．

コード 3.3 の 24〜33 行目は元波形とディレイ処理をした波形を PsychoPy で再生するためのコードである．ndarray オブジェクトを Sound() の引数に使用している点のみが新しいポイントである．引数 sampleRate で波形データのサンプリング周波数を指定することができる．ここでは元データの周波数である rate をそのまま使用している．

36 行目以降は，matplotlib を用いて波形データのグラフを描画するためのコードである．matplotlib も詳細に解説するには多くのページが必要であること，日本語の解説がインターネット上や書籍で得られることから，本書では最小限の解説にとどめる．ここでは図 3.12 のような横軸が時間のグラフを描きたいので，横軸の値を計算する．36 行目の `np.arange()` は `range()` と同様に連続した値を持つ `ndarray` オブジェクトを作成する．引数の指定方法は `range()` と同様だが (1.3.7 項参照)，引数に小数をとることができる点が異なる．ここでは `data.shape[0]` を引数とすることで，波形データと同じ要素数の数列を得ている．波形データの `rate` 番目のデータが再生開始から 1.0 秒後の波形の値なので，`np.arange(data.shape[0])` を `rate` で割れば波形データの各点の時刻が計算できる．後でグラフの横軸の値に使用するためにこの計算結果を変数 `t` に格納しておく．

37 行目の `plt.plot()` が折れ線グラフや散布図を描画する関数である．本来は `matplotlib.pyplot.plot()` という関数だが，コード 3.3 の 9 行目にて `import matplotlib.pyplot as plt` として `plt` という名前で import しているのでこのような書き方が可能となる．`numpy` を `np` という名前で import することと同様に，matplotlib の公式ドキュメントでもよく使われる省略形である．`plot()` の引数に 1 次元の `ndarray` オブジェクトが 2 つ指定された場合 *12)，1 番目の引数が折れ線グラフの各点の X 座標，2 番目の引数が Y 座標となる．したがって 37 行目のように `plot(t,data[:,0],'b-')` と書けば X 座標が `t`，Y 座標が `data[:,0]` となるため，1 番目のチャネルの波形を用いた図 3.12 のようなグラフが描ける．3 番目の引数`'b-'` は折れ線の書式を表す文字列で，`b` は青，`-`は各座標にマーカーを描かずに折れ線のみを描くことを示している．`'b'` の代わりに`'r'` と書けば赤，`'g'` なら緑である．`'-'` の代わりに`':'` と書けば点線で折れ線が描かれる．`'-'` や`':'` を書かずに`'.'` や`'o'`，`'x'` と書けば折れ線は描かれず各点にマーカーが描かれて散布図となる．折れ線とマーカーの両方を指定すれば，マーカー付きの折れ線グラフとなる．使用できる色や線，マーカーの一覧については本書では省略する．Matlab/Octave の `plot()` と共通点が多いので，これらの言語を利用している人にはお馴染みだろう．

コード 3.3 を実行するとまずファイルを選択するダイアログが表示され，wav ファイルを選ぶと元波形，ディレイ処理した波形が順番に再生される．再生後，ウィンドウが開いて波形データがプロットされる．グラフをプロットしたウィンドウはユーザーが閉じるまで終了しないので注意してほしい．コードの `delay` や `level` の値をいろいろ変更して，どのように波形が変化するか確認するとよいだろう．

---

*12) 1 次元のデータがひとつだけ渡された場合は X 軸の値として 0,1,2,... が用いられる．

■ 練習問題

1) 加工した波形データをファイル名を指定して wav ファイルに保存できるようにせよ．PsychoPy のファイル保存ダイアログを開く関数である `fileSaveDlg()` を使用してよい．`fileSaveDlg()` は `fileOpenDlg()` と同様に引数 `prompt` や `allowed` を指定できる．
2) 本文中で挙げた `plot()` の書式指定を使用して，マーカー付き折れ線グラフを描画するようにコード 3.3 を変更せよ．使用するマーカーおよび色は問わない．その際，波形全体を描画するとマーカー同士が重なって見にくいため，波形データの途中 (例えば全録音時間の半分の位置) から 100 サンプルだけをプロットするようにすること．
3) 2) と同様に，散布図を描画するようにコード 3.3 を変更せよ．

3.3.2 線形フィルタ処理

本項では，SciPy のモジュールを用いてより高度な音声データ処理を行ってみよう．`scipy.signal` を使用すると，信号処理に便利な関数が多数追加される．音は周波数が高いほど「高い」音として知覚されるが，`scipy.signal` で追加されるフィルタを用いると高周波数成分のゲイン [*13] を低下させたりすることができる．以下のコード 3.4 は，指定された周波数より高い周波数成分をゲインを低下させるバターワース型ローパスフィルタ (Low-pass filter : 以下 LPF) を wav ファイルから読み込んだ音声データに適用する例である．

コード 3.4 音声データにローパスフィルタを適用する

```
 1 #coding:utf-8
 2 from __future__ import division
 3 from __future__ import unicode_literals
 4 import psychopy.gui
 5 import psychopy.sound
 6 import psychopy.core
 7 import scipy.io.wavfile
 8 import numpy as np
 9 import scipy.signal # 信号処理を行うモジュール
10 
11 N = 5 # 5次のButterworth ローパスフィルタ
12 cuttoff = 1000 # ローパスフィルタの遮断周波数
13 
14 files = psychopy.gui.fileOpenDlg(prompt='wav ファイルを選んでください',
15     allowed='wav files (*.wav)|*.wav')
16 if files is not None:
17     rate, original_data = scipy.io.wavfile.read(files[0])
```

*13) 入力に対する出力の比のこと．ゲインを低下させるとは，入力波形よりも弱めるという意味である．

```
18      data = original_data/(2**15)
19
20      nyquist_freq = rate/2
21      b, a = scipy.signal.butter(N, cuttoff/nyquist_freq,
22          btype='lowpass')
23      filtered_data = scipy.signal.lfilter(b, a, data, axis=0)
24
25      original_sound = psychopy.sound.Sound(data, sampleRate=rate)
26      filtered_sound = psychopy.sound.Sound(
27          filtered_data, sampleRate=rate)
28      original_sound.play()
29      psychopy.core.wait(original_sound.getDuration())
30      filtered_sound.play()
31      psychopy.core.wait(filtered_sound.getDuration())
```

コード 3.4 の大部分は前項のコード 3.3 と共通なので，変更点のみを解説する．まず，9 行目で `scipy.signal` を import する．11〜12 行目ではバターワース型 LPF のパラメータを定義している．`N` は次元と呼ばれる値で，大きいほど高周波数成分のゲインの落ち込みが急峻になる．`cuttoff` は遮断周波数と呼ばれ，この周波数より高い周波数成分のゲインが低下する．

コード 3.4 の 20〜23 行目が今回のポイントである．`scipy.signal.butter()` (21 行目) がバターワース型 LPF を作成する関数であり，第 1 引数に次元，第 2 引数に遮断周波数を指定する．引数 `btype` はフィルタの種類を指定する文字列で，`'lowpass'` なら LPF が得られる．低周波数領域のゲインを低下させる `'highpass'` や，遮断周波数付近の周波数帯を低下させる `'bandstop'`，遮断周波数付近以外の周波数帯を低下させる `'bandpass'` が指定できる．省略すると `'lowpass'` となる．

`butter()` の引数で注意が必要なのは第 2 引数による遮断周波数の指定である．デジタル信号では，元波形に含まれる周波数成分の 2 倍以上の周期でサンプリングしなければ，元波形を復元することはできない．これを標本化定理という．具体例として，図 3.13 に 5 Hz の正弦波を 7.5 Hz でサンプリングする様子を示す．左のプロットの実線が 5 Hz の正弦波で，2 秒間プロットしているので 10 周期が含まれている．この正弦波を 7.5 Hz でサンプリングした点が白円で示されている．右のプロットは左のプロットの白円を抜き出して，灰色の実線で結んだものである．周期的な波形になっていることが確認できるが，2 秒間で 5 周期，すなわち 2.5 Hz になっていることがわかる．標本化定理より，5 Hz の波形を復元するには 10 Hz 以上のサンプリング周期が必要であり，図 3.13 で用いた 7.5 Hz のサンプリング周波数は 10 Hz を下回っていたので復元に失敗したのである．標本化定理を言い換えると，サンプリング周波数の 1/2 より高い成分を持つ波形は復元することができない．サンプリング周波数の 1/2 の値を Nyquist 周波数と呼ぶ．

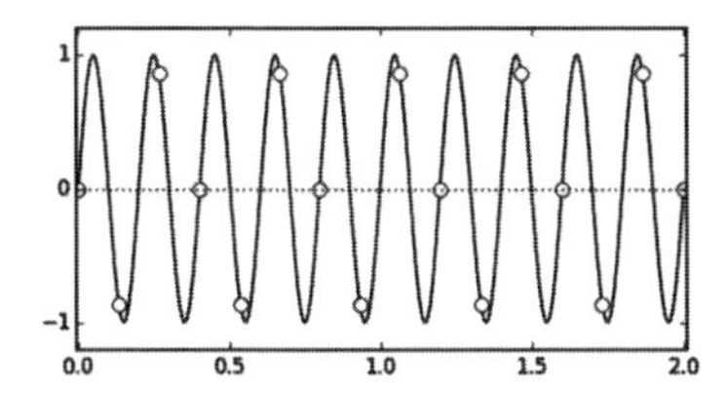

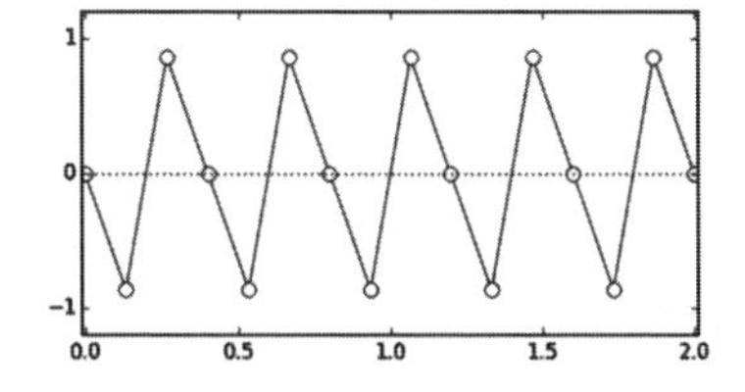

図 **3.13** 5Hz の正弦波を 7.5Hz でサンプリングした例.

`butter()` の遮断周波数は，Nyquist 周波数に対する比で指定しなければならない．コード 3.4 では，21 行目で `butter()` を実行する前に 20 行目でまず Nyquist 周波数を計算している．計算自体は簡単で，音声データのサンプリング周波数が `rate` だから Nyquist 周波数は `rate/2` である．この結果を変数 `nyquist_freq` に保持しておいて，21 行目で `cutoff/nyquist_freq` を計算することで遮断周波数を指定している．標本化定理より，Nyquist 周波数より高い遮断周波数を指定することはできないため，`cutoff/nyquist_freq` の値は 1.0 以下でなければならない．1.0 より大きい値，および 0.0 より小さい値を指定するとエラーとなる．

`butter()` の戻り値 `b`，`a` はフィルタの係数と呼ばれる `ndarray` オブジェクトで，直接これらの値を必要とすることは少ない．フィルタの係数を一度求めておくと，後は 23 行目の `scipy.signal.lfilter()` を用いて計算を行うことができる．`lfilter()` の第 1 引数，第 2 引数はそれぞれ `butter()` で求めた係数である．第 3 引数が計算の対象となる波形データである．今回の波形データは複数チャネルあるので，引数 `axis` を用いてどの軸に沿ってフィルタを適用するのかを指定している．

コード 3.3 からの変更点は以上である．コード 3.4 を実行し，元の音声と LPF 適用後の音声を聞き比べてほしい．特に 2.3.9 項の PsychoPy による録音 (コード 2.26) で録音したデータを使用している場合は，再生直後に鳴るピッという高い音を比べるとよい．この音は 4000 Hz のビープ音であり，コード 3.4 で設定している遮断周波数 1000 Hz より高いので LPF によってゲインが低下する．LPF 適用前後の音声を聴き比べれば，音量が小さくなっていることがわかるだろう．

以上でコード 3.4 の解説は終わりだが，研究目的によっては，バターワース型 LPF のような線形フィルタではなく，自分で定義した線形フィルタを刺激や時系列データに適用したい場合があるだろう．一般的なデジタル線形フィルタの計算では，畳み込み和と呼ばれる計算を行う必要がある．畳み込み和とは二つの離散関数 f と s に対して $f * s$ と表記され，$(f * s)(m) = \Sigma_n f(n)s(m-n)$ で定義される．知覚心理学では，初期視覚における受容野の働きのモデル化 (図 3.14) 等でよく見かける計算である．

NumPy では `np.convolve()` という関数を用いると簡単に畳み込み和を計算する

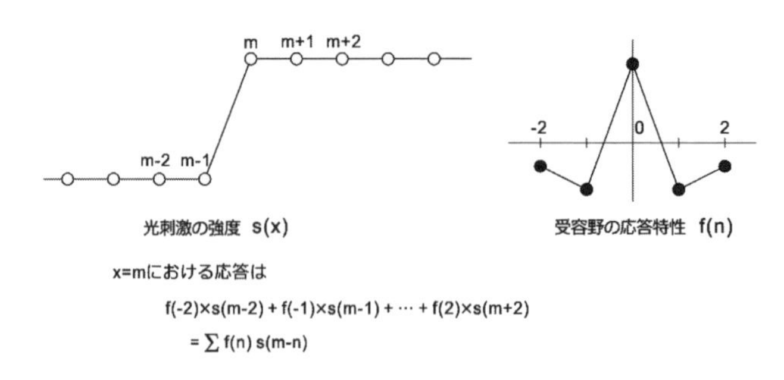

図 **3.14** 畳み込み和による視覚受容野の応答のモデル化.

ことができる．ここではごく単純な例として，畳み込み和を使って移動平均 (moving average) を計算してみよう．

移動平均とは，離散的な信号 $s(t) = s_1, s_2, \ldots, s_n$ $(t = 1, 2, \ldots, \mathrm{n})$ がある時，連続する m 個のサンプルの平均値を求めたものである．例えば 3 個の移動平均の場合，$ma_3(t) = (s_{t-1} + s_t + s_{t+1})/3$ である．これは，$(1/3, 1/3, 1/3)$ と $s(t)$ の畳み込み和に等しい．したがって，変数 `s` に 1 次元の `ndarray` オブジェクト (リスト等でも可) として信号 $s(t)$ が格納されているならば，以下のように移動平均を計算できる．

```
1 f = np.ones(3)/3         # [1/3, 1/3, 1/3]のndarrayオブジェクトを作成
2 ma3 = np.convolve(s,f) # sとの畳み込み和を計算
```

注意すべき点は，`convolve()` の戻り値の要素数である．上記の $ma_3(t)$ の定義に従えば $t = 1$ の時に s_{-1} という値が必要となるが，s_{-1} は存在しないため厳密に言えば計算することができない．`convolve()` では，`mode='valid'` という引数を与えると，このように値が存在しないために計算できない部分を除去する．$ma_3(t)$ は $t = n$ においても同様に値を計算できないので，`mode='valid'` とすると元の `s` より要素数が 2 少なくなる．一般に，フィルタの要素数が m であれば `mode='valid'` とした時の戻り値は元の信号より $m - 1$ 個要素数が少なくなる．

`mode='full'` とすると，s_{-1} や s_{n+1} といった定義域外の値がすべて 0 であるとして，畳み込み和の中に s_1 から s_t の値がひとつでも含まれていれば計算を行う．この場合の `convolve()` の戻り値は元の信号より要素数が多くなる．$ma_3(t)$ の場合は $t = -1$ と $t = n + 1$ においても計算が可能となるので，元の `s` より要素数が 2 多くなる．`mode='same'` とすると，`mode='full'` と同様に定義されていない値を 0 として計算するが，計算結果が元信号と同じになるように両端の要素を切り捨てる．引数 `mode` を省略した場合は`'full'` が指定されたと解釈される．

以上を踏まえて，コード 3.4 を変更して移動平均フィルタを適用するようにしてみよう．コード 3.4 の 20〜23 行目をコード 3.5 に示すように書き換えるだけである．コー

ド 3.5 の 1〜2 行目ではサンプリング周波数の 1/1000 個の移動平均フィルタを作成している．あとはこれと音声データの畳み込み和を計算するだけだが，`np.convolve()` で引数 `axis` を使えないので 1 チャネルずつ計算する必要がある．まず 4 行目で，計算結果を格納するために `data` と同じ `shape` を持つ `ndarray` オブジェクトを作成している．`np.empty()` は `zeros()` や `ones()` と同様に指定した `shape` を持つ `ndarray` オブジェクトを作成するが，値を 0 や 1 で初期化しないためわずかに処理が速い．後は `for` 文を用いてチャネル毎に `convolve()` を適用している．`convolve()` の戻り値の `shape` が格納先の `filtered_data[:,channel]` のそれと一致するように，`mode='same'` を指定している．

コード 3.5 音声データに移動平均フィルタを適用する

```
1   m = int(rate/1000)
2   ma_filter = np.ones(m)/m
3
4   filtered_data = np.empty(data.shape)
5   for channel in range(filtered_data.shape[1]):
6       filtered_data[:,channel] = np.convolve(
7           data[:,channel], ma_filter, mode='same')
```

以上で本項の解説は終了である．次項で音声データを題材とした例をもうひとつ取り上げて，音声データの加工を締めくくりたい．

■ 練習問題

1）コード 3.4 の 12 行目の `cutoff` の値を変更したり，22 行目の `'lowpass'` を `'highpass'`，`'bandpass'` などにして効果を確認せよ．

2）コード 3.3 を参考にして，コード 3.4 の末尾に元波形とフィルタ適用後の波形をプロットするコードを追加せよ．さらに，フィルタ適用後の音声データを wav ファイルに出力するようにせよ．

3.3.3 Fourier 変換

音声データを題材とした処理の締めくくりとして，本項では Fourier 変換を取り上げる．Fourier 変換とは簡潔に言えば，時間や空間の関数を周波数の関数に変換する手法である．Fourier 変換そのものの理論的な解説や心理学における Fourier 変換の活用法は他のテキストを参照していただくとして，本書では NumPy で Fourier 変換を行う方法について解説する．

NumPy における Fourier 変換関連の関数は `numpy.fft` モジュールにまとめられている．`numpy.fft` は `numpy` を import すれば自動的に読み込まれるので，今までの例のように `import numpy as np` を実行していれば `np.fft` として利用できる．使用方法は非常に単純で，1 次元の信号データが変数 `x` に格納されている時に，`W = np.fft.fft(x)`

を実行するだけである．問題は戻り値 `W` で，`x` と同じ要素数の複素数の値を持つ `ndarray` オブジェクトが返される．これは Fourier 変換の結果を複素数で示したものである．例えば `x` が音声データであれば，`x[0]`，`x[1]`，にそれぞれ時刻 0，時刻 1 の時点の値が格納されている．このことから，「`x[t]` は時刻 `t` の関数である」と言える．同様に，`fft()` の戻り値 `W` の場合は `W[0]` に周波数 0 の成分 [*14)]，`W[1]` に周波数 1 の成分，`W[2]` に周波数 2 の成分を表す値が格納されている．つまり `W[omega]` は「周波数 `omega` の時の成分を表す関数」であると言える．これが「Fourier 変換は時間 (空間) の関数を周波数の関数に変換する」と言われるゆえんである．

各周波数成分の複素数は，そのままでは扱いづらいので振幅と位相に分解して処理されることが多い．振幅とは複素数 $x + yj$ $(j = \sqrt{-1})$ を 2 次元平面上の点 (x, y) として表現した時の原点からの距離，位相とは原点と (x, y) を結ぶ直線と X 軸が成す角度のことである [*15)]．複素数の振幅は `np.abs()`，位相は `np.angle()` で計算できる．

`fft()` の戻り値について，非常に重要な注意点がひとつある．戻り値の要素数が入力の要素数と同じであること，1 以上のインデックスについて戻り値のインデックス n の要素が周波数 n の成分を表していることはすでに述べた．入力が 100 Hz でサンプリングされたデータで，ちょうど 1 秒分 100 サンプルを Fourier 変換するとする．すると戻り値の要素数は 100 で，インデックス 90 の要素は周波数 90 の成分を示しているはずである．ちょうど 1 秒分のサンプルを入力しているのだから，周波数 90 とは 90 Hz である．ここで 3.3.2 項で述べたことを思い出してほしいのだが，標本化定理により Nyquist 周波数より高い成分はデジタル信号で復元できないのであった．この例では Nyquist 周波数は 100 Hz の 1/2 である 50 Hz なのだから，90 Hz の成分は本来復元できないはずである．ではインデックス 90 の要素には何が格納されているかというと，−10 Hz という「負の周波数」の成分である．一般にサンプリング周波数 f_s の時，`fft()` の戻り値において $f_s > f > f_s/2$ に相当するインデックスに格納されているのは負の周波数 $f - f_s$ の成分である．詳しくは Fourier 解析の解説書を参照していただきたいが，実関数の Fourier 変換では負の周波数成分は正の周波数成分の複素共役となる．つまり，先の例で言えば，インデックス 10 (10 Hz) の要素が $x + yj$ の時にインデックス 90 (−10 Hz) の要素は $x - yj$ である．振幅と位相という用語を用いれば「振幅は同一で位相は符号が逆」とも言える．したがって，正負の周波数の振幅が同一なので，各周波数成分の振幅を分析する際には正の周波数成分のみを使用しても問題ない．

難しい話が続いたが，そろそろ具体的な例を挙げよう．コード 3.6 は，wav ファイル

---

*14)　つまり時間的に変動しない成分のことである．直流成分と呼ぶ．

*15)　複素平面における極座標表現と言った方がわかりやすいかもしれない．

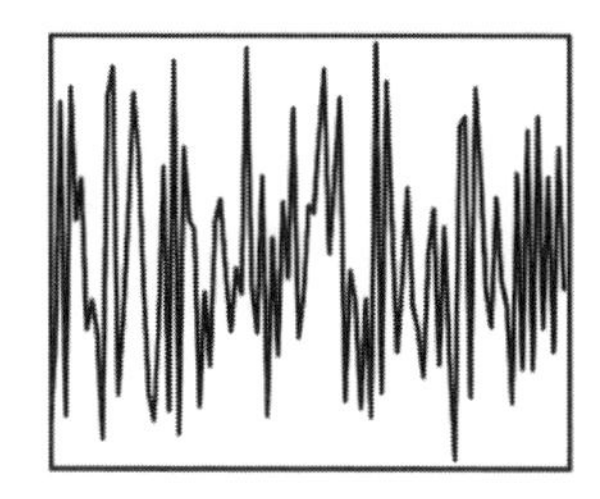
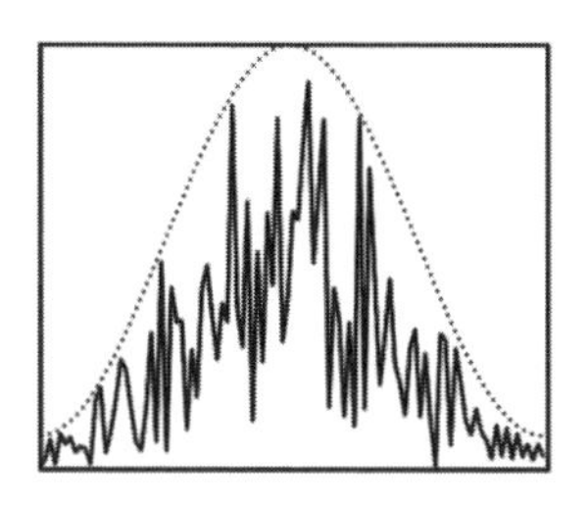

図 3.15 窓関数の効果．右:元波形．左:窓関数 (点線) と，窓関数を適用した波形 (実線).

を開いて短時間 Fourier 変換 (short-time Fourier transform，以下 STFT) を行い，結果をプロットするものである．コードの短縮化のため wav ファイル名を test.wav で固定しているが，必要があれば今までのコードを参考に開くファイルを選択するダイアログを追加するとよい．このコードで行っている STFT とは，長時間に及ぶサンプルから「短時間のデータを切り出して Fourier 変換を行う」という作業を切り出す範囲をずらしながら繰り返すという処理である．ただし，波形の一部を切り出して Fourier 変換を行うと，切り出した境界部分の波形が変換結果に悪影響を及ぼすので，窓関数と呼ばれる境界付近の値がほぼ 0 となる関数との積をとって境界部分の影響を軽減する (図 3.15)．このような計算を行うのは，Fourier 変換によって信号が周波数の関数へ変換すると，時間の情報が失われてしまうからである．それでは特定の周波数成分の振幅が時間的に変化する過程を調べたい場合に困るので，このような工夫が必要となる [*16]．

コード 3.6 Fourier 変換を行いスペクトルをプロットする

```
1  #coding:utf-8
2  from __future__ import division
3  from __future__ import unicode_literals
4  import scipy.io.wavfile
5  import numpy as np
6  import matplotlib.pyplot as plt
7
8  rate, data = scipy.io.wavfile.read('test.wav')
9  N = 1024      # 切り出す要素数 2の累乗数が望ましい
10 step = 256    # 切り出し位置の移動ステップ
11 duration = 3 # 処理の終了時間 (秒)
12 s = 0         # 切り出し開始位置を保持する変数
13 hamming_window = np.hamming(N) # 窓関数 (ハミング窓)
14 freq_list = np.fft.fftfreq(N, d=1.0/rate) # 周波数リストを作成
15 max_freq_index = int(6000*N/rate) # 6000Hz に対応するインデックス
```

*16) この問題点の解消には Wavelet 解析の方が優れているが，NumPy の Wavelet モジュールには本項の例題に適した Mother Wavelet が含まれていないため，本項では STFT を用いた．

```
16 results = [] # 結果を保持するリスト
17
18 while s+N < rate*duration: # durationを超えて切り出していないか？
19     wd = hamming_window * data[s:s+N,0] # 窓関数との積をとる
20     W = np.fft.fft(wd)     # Fourier変換を実行
21
22     # 6000 Hz までの振幅の対数を計算して results に追加
23     results.append(np.log(np.abs(W[max_freq_index:1:-1])))
24     s+=step  # 切り出し開始位置を更新
25
26 power = np.array(results).transpose() # 縦軸が周波数になるよう転置
27 plt.imshow(power,                         # プロットする
28     extent=(0, power.shape[1]*(step/rate),
29             freq_list[0], freq_list[max_freq_index]),
30     aspect="auto")
31 plt.show()
```

8 行目でまず変数 rate と data にサンプリング周波数とデータを読み込む．9 行目からは定数などの準備である．コード中のコメントに補足しておくと，まず fft() はサンプル数が 2 の累乗数である時に高速に計算できるので，切り出す要素数を 2^{10} である 1024 としている．切り出し範囲の移動ステップは，窓関数で切り出し範囲の両端を捨てることを考慮すると切り出し幅よりも狭い方が望ましいため，ここでは 1/4 の 256 とした．処理する時間を 3 秒に制限したのは，最後に示す出力結果の見やすさを考慮したためである．この点は後で触れる．

13 行目の np.hamming() は信号処理でよく使われる窓関数であるハミング窓を作成する関数である．引数として窓の要素数を与えると，ハミング窓が ndarray オブジェクトとして得られる．切り出したデータと同じ要素数である必要があるため，ここでは N を引数に指定している．14 行目の np.fft.fftfreq() は，fft() の戻り値の各要素に対応する周波数を計算して ndarray オブジェクトとして返す．引数 d は周期，すなわち周波数の逆数を指定する．15 行目では，変換結果の 6000 Hz までの成分を取り出すためのインデックスを計算している．サンプリング周波数が rate，切り出したサンプル数が N なので，fft() の戻り値において要素が 1 増す毎に rate/N ずつ周波数が増加する．したがって，6000 Hz に達するインデックスは 6000 を rate/N で割って 6000*N/rate である．インデックスは整数でなければならないので，int() を用いて計算結果を整数に丸めている．

18 行目の while 文では，データから s:s+N の範囲を切り出し，窓関数をかけてから fft() を行う処理を繰り返している．24 行目で切り出し開始位置を更新し，切り出し終了位置 s+N が duration で定めた処理範囲を超えれば繰り返しは終了である．duration に rate をかけているのは終了時間に達するインデックスを計算するためである．19～20 行目はここまで読み進めた読者なら問題ないだろう．23 行目ではスラ

イスの増分を`-1`とすることによって，`max_freq_index`から1に向かって逆順に値を取り出している．これは最後に結果をプロットする際に，逆順となっている方が都合がよいからである．このテクニックの応用として，スライスの始点と終点を省略できることを利用して`x[::-1]`と書けば全要素を逆順に並べ替えることができる．非常に便利なので覚えておくとよい．

23行目はスライスが理解できれば特に難しい点はない．スライスによって得られた6000 Hzまでの変換結果に対して`np.abs()`で振幅を求め，`np.log()`で対数化してから`results`に追加している．

`while`文による繰り返しが終了した26行目では，`results`から`ndarray`オブジェクトを作成している．このままではプロットした際に縦軸が時間，横軸が周波数となってしまうため，転置してから変数`power`に代入しておく．27行目の`plt.imshow()`は2次元の`ndarray`オブジェクトやリストを用いて図を描画する関数である．第1の引数が描画に用いるデータで，第1次元が縦軸(行)，第2次元が横軸(列)である．引数`extent`には，図の縦軸と横軸の範囲を指定する．第1，第2の要素は横軸の最小値と最大値，第3，第4の要素は縦軸の最小値と最大値である．横軸は時刻なので最小値は0，最大値は横軸の要素数から計算している．縦軸の最小値と最大値は14行目の`fftfreq()`で計算しておいた値を`freq_list`から取り出している．引数`aspect`は図の縦横比を指定するもので，何も指定しなければデータの`shape`によって比率が決まる．`'auto'`を指定するとグラフをプロットしたウィンドウにフィットするように縦横比が更新されるので，プロットした後に縦横比を手動で調整したい時に便利である．

図3.16は，2.3.9項のコード2.26でPsychoPyを用いて録音したtest.wavをコード3.6でSTFTした例である．各時刻，周波数成分の振幅が色の明暗で示されており，明るいほどその時刻にその周波数の振幅が高かったことを示している[*17]．コード2.26では冒頭に4000 Hzのビープ音を鳴らしているが，この音が確かに4000 Hzにピークを持つことが図より確認できる．4000 Hzを中心にやや周辺の周波数まで裾野が広がっているのは，使用したスピーカーおよびマイクの性能や計測時，アナログ–デジタル変換時のノイズなどの影響である．

以上でコード3.6の解説は終了である．最後に，`fft()`を用いて周波数の関数に変換したデータを，元の時間や空間のデータに戻す方法について触れておきたい．この計算はFourier逆変換(inverse transform)と呼ばれており，NumPyでは`np.fft.ifft()`という関数で実行できる．`fft()`で得られた複素数の`ndarray`オブジェクトをその

[*17] 印刷用にモノクロでプロットしているが，実際には振幅が高い領域は赤色，低い領域は青色で描画される．

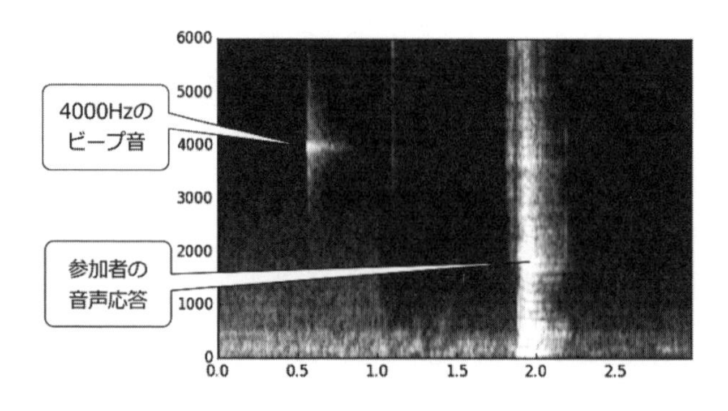

図 **3.16**　コード 3.6 の実行結果

まま `ifft()` に渡せば，`fft()` に渡す前のデータと (計算誤差の範囲内で) 一致する `ndarray` オブジェクトが得られる．

```
1 W = np.fft.fft(x)  # Fourier 変換
2 X = np.fft.ifft(W) # 元のx と計算誤差の範囲内で一致する
```

`ifft()` を用いると，元データから特定の周波数成分だけを強調したり，取り除いたりといった処理を 3.3.2 項で紹介した線形フィルタより柔軟に行うことができる．例えば 2000 Hz 以下の成分の実部をすべて 0 にしてから `ifft()` すれば，2000 Hz 以下の成分が完全に遮断される．余力がある人は試してみるとよい．本節では音声という 1 次元の波形データを取り上げてきたが，視覚研究の分野では 2 次元の波形データを扱う必要がある．`np.fft` には 2 次元 Fourier 変換と逆変換を行う `np.fft.fft2()` と `np.fft.ifft2()`，さらに高次元の Fourier 変換を行う `np.fft.fftn()`，`np.fft.ifftn()` といった関数が用意されている．これらの関数に興味がある読者もいるだろうが，本書での紹介はここまでとしておこう．

■ 練 習 問 題

1) 前項の練習問題で作成した，LPF 適用後の音声データをコード 3.6 で解析し，LPF の効果を確認せよ．
2) コード 3.6 の変数 `power` から 4000 Hz 成分を取り出して，横軸が時間，縦軸が 4000 Hz 成分の振幅である折れ線グラフを作成せよ．ただし，正確に 4000 Hz に一致する要素は変数 `power` には含まれていないので，4000 Hz に最も近い要素を用いること．

3.4　画像データの加工

3.4.1　PIL/Pillow と OpenCV

本節では画像データの加工を取り上げる．Python で画像データ処理を行うには，画像ファイルを Python 内で加工できる形で読み込んだり，加工した画像データをファイルに出力したりする機能が不可欠である．こういった入出力機能を Python に追加する代表的なパッケージとして，Pillow と OpenCV が挙げられる．Python で画像の入出力というと Python Imaging Library (PIL) というパッケージがよく使われていたのだが，PIL の開発が 2009 年の PIL 1.1.7 以降停止しているため，PIL を元にして開発が始まったのが Pillow である．互換性は高いため，すでに使用している Python のディストリビューションに PIL か Pillow のどちらかがインストールされているのであれば，それを使用すればよいだろう．ただし，Windows 版の PIL 1.1.7 は後述するように文字列描画の際のフォントの読み込みに問題があるので，フォント指定が必要であれば Pillow を使用する方がよい．PIL は Python3 をサポートしていないので，Python3 を使う場合は Pillow しか選択肢がない．

OpenCV はクロスプラットフォームなコンピュータービジョンのためのライブラリであり，高度に専門的な技術が次々と導入されるのが魅力である．OpenCV の配布物の中に Python から OpenCV を利用するためのモジュールが含まれており，Python からも利用することができる．OpenCV を扱った本は多数出版されている上に，インターネット上の資料も豊富な点も魅力だが，C++言語など Python 以外からの言語を例に用いた資料が多いため，他言語用に書かれたコードを Python 用に「翻訳」する力量がないと活用できる資料が限られてしまうという問題がある．さらにまずいことに，Python 用モジュールに組み込みのヘルプが非常に不親切でほとんど役に立たない．

筆者の印象としては，単に画像を拡大縮小したり，円や長方形のような単純な図形や文字列を書き足したりするのであれば，PIL/Pillow で十分である．一方，画像の特徴点抽出や物体検出，動画の解析などを行うのであれば，OpenCV が強い味方となるはずである．

3.4 節では，PIL (Pillow) と OpenCV を用いた簡単な画像処理の例を紹介する．特に OpenCV に関しては専門的な機能が多いので，詳細は OpenCV を専門的に扱った資料を参照してほしい．Standalone PsychoPy を使用しているのであれば，PIL と OpenCV はインストール済みなのでどちらも使用することができる．

3.4.2　PIL を用いた画像処理

それではさっそく PIL を使用するが，いきなり注意書きから話を始めなければならない．インターネット上で PIL の使用例を検索すると，`import Image` と書いてモジュールを import している例が多く見つかる．ところが，PIL 互換パッケージであるはずの Pillow をインストールしていると，`import Image` を実行すると No module named 'Image' というエラーメッセージと共にプログラムが停止してしまう [*18]．このような場合，`from PIL import Image` と書き直せば，他の部分は書き直さなくても動作する可能性が高い．PIL の他のモジュール (ImageDraw, ImageFont など) についても同様である．本書では一貫して `from` を用いた書き方を使用する．インターネット上で PIL の使用法を検索して試す際には注意してほしい．

前置きはこの程度にしておいて，本題である．コード 3.7 では，新規の画像ファイルを作成して図形や文字を書き込み，ファイルに保存している．無償で利用できる「IPAex フォント ゴシック」を利用しているので，IPA のサイト (http://ipafont.ipa.go.jp/) からダウンロードしてコード 3.7 と同じディレクトリに保存して実行するか，後述の方法で PC にインストールされている TrueType フォントを使用するように書き換えて実行してほしい．実行すると図 3.17 のような画像ファイルが作成される．

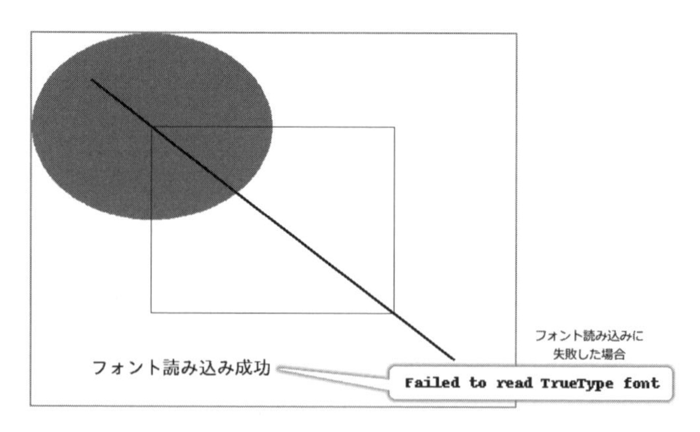

図 **3.17**　コード 3.7 によって作成される画像ファイル．

コード **3.7**　PIL による画像の新規作成

```
1 #coding:utf-8
2 from __future__ import division
3 from __future__ import unicode_literals
4 from PIL import Image      # PIL で画像を扱うための必須モジュール
```

---

*18) オリジナルの PIL が `import Image` と書けたことが Python のパッケージとして例外的であり，Pillow が開発される際に標準的な記法に従うように修正されたことが原因である．

```
5  from PIL import ImageDraw # 様々な描画を行うモジュール
6  from PIL import ImageFont # ImageDrawでフォントを指定できるようにする
7
8  image = Image.new('RGB', (640,480), color=(255,255,255)) # 画像を作成
9  draw = ImageDraw.Draw(image) # 描画オブジェクトを作成
10 draw.ellipse(((0,0),(320,240)), outline=None, fill=(128,128,255))
11 draw.rectangle(((160,120),(480,360)), outline=(0,0,0), fill=None)
12 draw.line(((80,60),(560,420)), fill=(0,0,128), width=3)
13
14 try:    # フォント読み込みを試みる
15     font_obj = ImageFont.truetype('ipaexg.ttf',24)
16 except: # フォント読み込みに失敗した場合
17     draw.text((80,420), 'Failed to read TrueType font', fill=(0,0,0))
18 else:   # フォント読み込みに成功した場合
19     draw.text((80,420), 'フォント読み込み成功', fill=(0,0,0),
20               font=font_obj)
21
22 image.save('pil-sample.png')
```

4〜6 行目は PIL のモジュールの読み込みである．8 行目の `Image.new()` は新たな画像オブジェクト (`Image` オブジェクト) を作成する関数で，第 1 引数はモードの指定，第 2 引数は画像の幅と高さをピクセル単位で指定している．引数 `color` は背景色を指定している．「モード」とは，画像の各ピクセルがどのような構造を持っているかを指定するもので，`'RGB'` は赤，緑，青の 3 つの成分 (RGB) で色を指定できる画像を作成することを意味している．他にはグレースケール (明暗のみ) 画像の `'L'`，RGB に透明度を加えた `'RGBA'` などがある．

PIL における色指定はいくつか方法があるが，コード 3.7 では RGB の各成分を整数で指定する方法を用いている．PsychoPy の RGB 色空間とは異なり，0〜255 の整数で指定する．`(0,0,0)` が黒，`(255,255,255)` が白である．モードで `'L'` を指定した場合は 0〜255 の整数で明るさを指定する．`'RGBA'` の場合は `(255,255,255,128)` のように 4 番目に透明度を指定する．0 で完全な透明，255 で完全な不透明である．

`Image` オブジェクトに PIL で描画を行うには，`ImageDraw.Draw()` に描画対象となる `Image` オブジェクトを渡して描画オブジェクト (`ImageDraw` オブジェクト) を作成する．以後，`ImageDraw` オブジェクトのメソッドを用いて描画を行う．コード 3.7 の 10〜12 行目はそれぞれ楕円，長方形，線分を描画するメソッドの使用例である．いずれも第 1 引数は 2 点の座標をまとめたものであり，`ellipse()` は 2 点を左上，右下とする長方形に内接する楕円，`rectangle()` は 2 点を左上，右下とする長方形，`line()` は 2 点を始点，終点とする線分を描く．PyshchoPy と異なり，画像の左上が原点で右方向，下方向が正の方向である．`ellipse()` と `rectangle()` では引数 `fill` で塗りつぶし色，`outline` で輪郭線の色を指定する．`None` を指定すれば枠線や塗りつぶし色をなしにできる．`line()` の場合は少々ややこしいが線の色を引数 `fill` で指定す

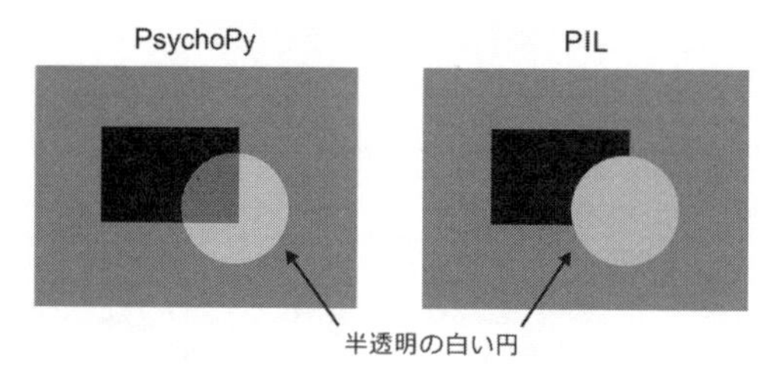

図 **3.18**　PIL による半透明色の図形の描画.

る．`width` で線の太さを指定できる．複数の図形が重なっている場合は後から描画した図形によってどんどん上書きされていくので，PsychoPy と同様に後から書いたものが手前になる．半透明の図形を重ね描きした際に PsychoPy のように描画済みの図形が透けて見えるように描画されるのではなく，描画済み図形は完全に無視されて新たな半透明色の図形が描かれるので注意すること (図 3.18).

14 行目からは文字の描画を試みているが, Python の例外処理のテクニック (1.3.12 項) を使用している．15 行目を実行してみてエラーが生じたら 17 行目，生じなければ 19 行目を実行する.

15 行目の `ImageFont.truetype()` は TrueType フォントをファイルから読み込んで，文字列の描画に用いるための `ImageFont` オブジェクトを作成する．ここでは先述の通り「IPAex フォント ゴシック」のファイルである ipaexg.ttf がコード 3.7 と同じディレクトリに置かれていて，このディレクトリでコードを実行していることが前提となっている．例えば Windows を使用していて，OS に標準でインストールされているフォント使用したいのであれば，システムディレクトリの Fonts (通常は C:\Windos\Fonts) から使用したいフォントのファイル名を調べて `truetype()` の第 1 引数に指定すればよい．MS ゴシックならば msgothic.ttc というファイル名なので，`'C:/Windows/Fonts/msgothic.ttc'` である．第 2 引数はフォントの大きさの指定である．日本語フォントでなければ最後のメッセージが正常に表示されない可能性があるので注意すること.

15 行目でフォントの読み込みに失敗した場合は，17 行目で `ImageDraw` オブジェクトの `text()` メソッドを用いて PIL の標準フォントでの文字描画を行う．第 1 引数は文字列の左上の座標，第 2 引数は描画する文字列である．標準フォントでは日本語を表示できないので，半角英数文字 (ASCII 文字) だけを使用している．引数 `fill` は文字の色である.

フォント読み込みに成功した場合は, 19 行目で読み込んだフォントを用いて `text()` メソッドで文字列を描画している．基本的に 17 行目と同じだが, 引数 `font` に `ImageFont` オブジェクトを指定することで，読み込んだフォントを描画に利用できる．日本語フォントを指定していれば，19 行目のように日本語の文字列を描画できる．

22 行目では，Image オブジェクトの save() メソッドを用いて作成した画像をファイルに保存している．引数は保存するファイル名である．画像ファイルの保存形式はファイル名の拡張子から自動的に判定される．JPEG (JPG)，PNG，BMP，TIFF など様々な画像形式をサポートしている．ここでは PNG 形式で保存している．

以上でコード 3.7 の解説は終わりである．実行して，左下に日本語で「フォントを読み込み成功」と描かれていれば TrueType フォントの読み込みに成功している．図 3.17 右下のように “Failed to read TrueType font”と表示された場合は，まず TrueType フォントファイルが正しい位置にあることを確認してほしい．それでもなお失敗する場合は，ImageFont モジュールに問題がある可能性がある．筆者が知る限り，Windows 版の PIL 1.1.7 の公式バイナリをインストールした場合にこの問題が生じる．該当する場合は最新版の Pillow に更新すると解決する可能性がある．

続いて，今度はディレクトリに含まれるすべての JPEG ファイルを開いて，長辺が 640 ピクセルになるようにリサイズした後に輪郭抽出を行ってそれぞれ別名で保存してみよう．コード 3.8 を保存しているディレクトリに image というディレクトリがあって，そこに様々な大きさの JPEG ファイルが保存されているものとする．また，image ディレクトリの中にはサブディレクトリはないか，あっても処理する必要はないとしよう．コードを実行すると resized_image というディレクトリを作成してそこへリサイズした画像を元ファイルと同名で，輪郭抽出をした画像を元ファイル名の先頭に ‘c_’ をつけた名前で保存する．図 3.19 に実行例を示す．

コード **3.8** PIL による画像のリサイズとフィルタ処理

```
 1 #coding:utf-8
 2 from __future__ import division
 3 from __future__ import unicode_literals
 4 from PIL import Image
 5 from PIL import ImageFilter
 6 import os
 7 import sys
 8 source_dir = 'image'
 9 output_dir = 'output_image'
10 output_size = 640
11
12 if not os.path.exists(output_dir): # output_image がない
13     os.mkdir(output_dir)           # output_image を作る
14 elif not os.path.isdir(output_dir): # output_image がディレクトリでない
15     sys.exit()                      # スクリプトを終了
16
17 for file in os.listdir(source_dir):
18     fileroot, ext = os.path.splitext(file)  # 拡張子を分離
19     if ext.lower() in ('.jpg', '.jpeg'): # 拡張子が.jpg か.jpeg
20         image = Image.open(os.path.join(source_dir, file)) # 開く
```

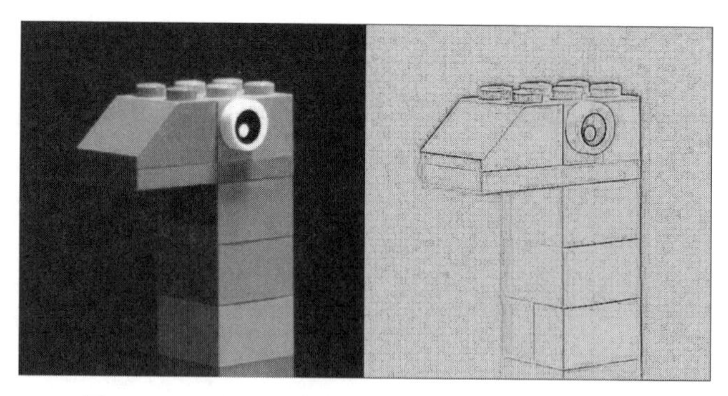

図 3.19 コード 3.6 の実行例. 左:元画像. 右:輪郭抽出画像.

```
21         if image.size[0] >= image.size[1]:  # 長辺を判定
22             scale = output_size / image.size[0] # 縮小率を計算
23         else:
24             scale = output_size / image.size[1]
25
26         resized_image = image.resize(     # 計算した縮小率でリサイズ
27             (int(image.size[0]*scale), int(image.size[1]*scale)))
28         resized_image.save(os.path.join(output_dir, file)) # 保存
29         image.filter(ImageFilter.CONTOUR).save(
30             os.path.join(output_dir, 'c_'+file)) # 輪郭抽出して保存
```

コード 3.8 の冒頭では os.path モジュールで複数ファイルを処理する方法を紹介している．まず 8〜10 行目で元画像ファイルのディレクトリ，リサイズ後のファイルの出力ディレクトリ，変換後の長辺を指定している．このようにしておくと後でディレクトリ名や長辺の長さを変更しておきたい時に便利である．12 行目では，まず出力ディレクトリが存在しているか否かを os.path.exists() で確認している．この関数にパスを渡して実行した戻り値が False であれば存在しないので，13 行目で os.mkdir() を使ってディレクトリを作成している．exists() の戻り値が True だった場合，もしかするとディレクトリではないかもしれないので 14 行目で os.path.isdir() を用いてディレクトリであることを確認している．isdir() の戻り値が False であれば，output_dir はディレクトリではない何か (ファイルなど) であり，変換後のファイルをそこへ保存することはできないので sys.exit() を用いてスクリプトを終了する．ちなみに引数に与えたパスがファイルであるかを確認するには os.path.isfile() を使う．併せて覚えておくといいだろう．

17 行目の os.listdir() は 3.2.1 項で用いた os.walk() の簡易版のような関数で，引数に与えたディレクトリだけを走査する．walk() と異なり，単にファイル名の一覧 (サブディレクトリ名も含む) のリストを返す．for 文を使ってひとつずつファイル名を取り出して，拡張子が.jpg か.jpeg であれば JPEG ファイルと判断して処理を

行う．この辺りは 3.2.1 項と同様である．

PIL で画像ファイルから Image オブジェクトを作成するには Image.open() を用いる．保存の時と同様，ファイル形式は PIL が自動的に判別する．Image オブジェクトは size というデータ属性を持っており，幅，高さのピクセル数を並べたタプルが格納されている．したがって，21 行目のようにインデックス 0 の要素とインデックス 1 の要素を比較して，output_size を長い方の辺で割れば縮小率が得られる．この縮小率を用いて 26〜27 行目の resize() メソッドで画像をリサイズする．引数には幅，高さのピクセル数を並べたシーケンスを指定する．元画像のサイズが格納された image.size は ndarray オブジェクトではないので scale*(image.size) と書くことができず，27 行目のように幅，高さの要素別にかけ算を行う必要がある．戻り値としてリサイズされた Image オブジェクトが得られる (もととなった Image オブジェクトは変更なし)．戻り値を resized_image という変数で受け取って，28 行目で保存している．

29〜30 行目は，輪郭抽出から保存までを一気に行う例である．filter() メソッドは，引数に ImageFilter モジュールに定義されたフィルタオブジェクトを与えることによって，様々なフィルタ処理を行う．輪郭抽出は CONTOUR というフィルタオブジェクトを用いる．filter() は処理後の画像データを Image オブジェクトを返す．戻り値を 26〜28 行目のように加工した結果を変数に格納してから保存しても構わないのだが，29〜30 行目のようにすると戻り値の Image オブジェクトの save() を直接呼び出せる．変換後の画像に対してさらに処理をする場合は変数に格納する方が便利な場合もあるが，今回のようにただ保存するだけなら 29〜30 行目の書き方で問題ない．インターネット上で他人が書いたコードを読む時に，29〜30 行目のようなメソッドの直接呼び出しを行う方法を知らないと意味がわかりづらいと思われるので，覚えておくとよい．

コード 3.8 の解説は以上である．最後に PIL の使用例の締めくくりとして，NumPy と連携する方法を示そう．コード 3.9 は，test.jpg という画像ファイルを開いて Image オブジェクトを ndarray オブジェクトに変換し，2 変数ガウス関数状に中心から周辺に向かってなだらかに透明になるように加工してから Image オブジェクトに戻して保存する．図 3.20 に実行例を示す．

コード **3.9** PIL と NumPy の連携

```
1 #coding:utf-8
2 from __future__ import division
3 from __future__ import unicode_literals
4 from PIL import Image
5 import numpy as np
6 # 画像を開いて透明度チャネルを追加
7 image = Image.open('test.jpg').convert('RGBA')
```

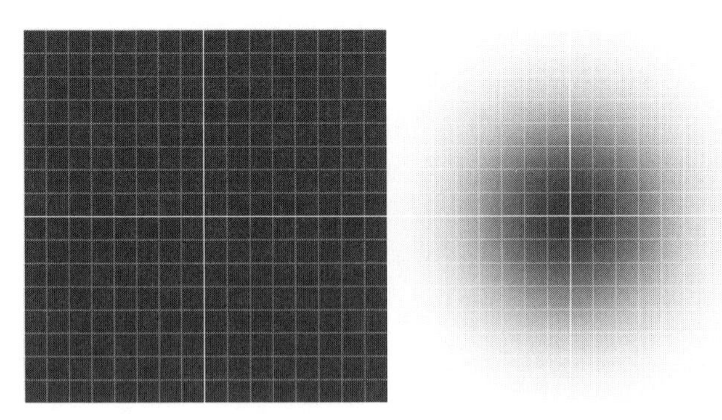

図 3.20　コード 3.9 の実行例．左:元画像．右:出力画像．

```
 8 w,h = image.size
 9 # Image オブジェクトから ndarray オブジェクトを作成
10 image_np = np.array(image)
11 
12 # -2～2の画像サイズと同じ要素数のndarray を作成
13 x = np.arange(-2.0, 2.0, 4.0/w)
14 y = np.arange(-2.0, 2.0, 4.0/h)
15 # 2次元ガウス関数を計算するためのメッシュを作成
16 x_mesh, y_mesh = np.meshgrid(x, y)
17 
18 # 透明度チャネルに値を書き込む
19 image_np[:,:,3] = np.exp(-x_mesh**2 -y_mesh**2)*255
20 
21 # Image オブジェクトを作成し png で保存
22 Image.fromarray(image_np).save('ouput.png')
```

まず 6 行目では，Image オブジェクトの convert() メソッドを用いて，透明度をサポートしていない JPEG 画像から作成した Image オブジェクトに透明度チャネルを追加している．convert() の引数は画像を新規作成する new() と同様である．10 行目では，np.array() を用いて Image オブジェクトから ndarray オブジェクトを作成している．戻り値として得られる ndarray の shape は 3 次元で，第 1 の次元が画像の高さ，第 2 の次元が画像の幅，第 3 の次元が色チャネルに対応している．例えば幅 640×高さ 480 ピクセルの RGB 画像であれば shape は (480,640,3) である．今回は透明度チャネルを追加しているので第 3 次元は 4 つの要素があり，インデックス 0 から順番に R(赤)，G(緑)，B(青)，透明度チャネルに対応している．なお，dtype は uint8 という「8 bit 符号なし整数 (0～255)」のみを格納できるものになるので，小数や負の数，255 より大きい数を代入しないように注意する必要がある．浮動小数点数を使える float64 に dtype を変更したい場合は，astype() メソッドを用いて np.array(image).astype('float64') とすればよい．

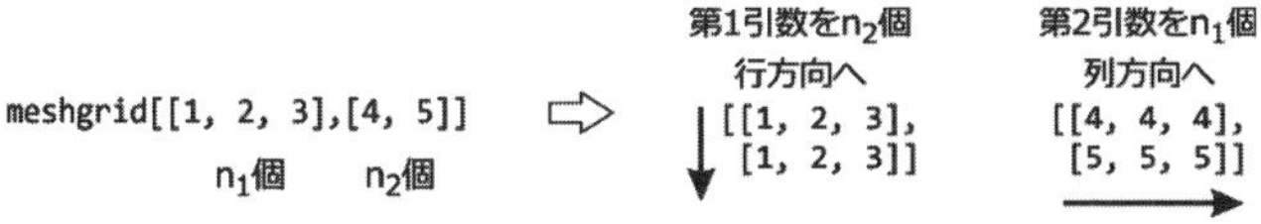

meshgrid[[1, 2, 3],[4, 5]] ⇨ 第1引数をn_2個 行方向へ [[1, 2, 3], [1, 2, 3]] 第2引数をn_1個 列方向へ [[4, 4, 4], [5, 5, 5]]

n_1個 n_2個

図 3.21 meshgrid() 関数の働き

13～14 行目の arange() は −2.0～2.0 の画像幅と同じ要素数を持つ数列 x と，高さと同じ要素数を持つ y を作成している．第 3 引数の 4.0 という値は，−2.0 と 2.0 の差 (2.0 − (−2.0)) である．ただし，3.3.1 項で述べた通り arange() の引数の意味は range() と同じであるため，第 2 引数の値は含まれない点に注意すること (1.3.7 項)．

16 行目の meshgrid() は，n_1 個の要素を持つ 1 次元オブジェクト x と n_2 個の要素を持つ 1 次元オブジェクト y を引数として，第 1 引数を n_2 個行方向に積み重ねた n_2 行 n_1 列の ndarray オブジェクトと，第 2 引数を n_1 個列方向に並べた n_2 行 n_1 列の ndarray オブジェクトを返す関数である (図 3.21)．第 1 引数を方眼紙に引かれた縦線の X 座標，第 2 引数を横線の Y 座標と考えると，meshgrid() の 2 つの戻り値はそれぞれ方眼紙に引かれた線の交点の X 座標，Y 座標を並べた表となっていることがわかる．

なぜ meshgrid() のような関数があるかというと，この戻り値を使うと 2 変数ガウス関数のような 2 変数関数の値を簡単に計算できるからである．最も単純な形の 2 変数ガウス関数は $\exp(-x^2 - y^2)$ (exp は指数関数) だが，これを meshgrid() の戻り値と NumPy の指数関数 exp() を用いて 19 行目右辺のようにほぼそのままの形で書くことができる．19 行目の最後で 255 倍しているのは画像の中央部分の最も不透明な部分の値を 255 にするためである．左辺は画像から作成した ndarray オブジェクトの透明度チャネルである．右辺と左辺の各次元の要素数が一致しているので，右辺の計算結果をそのまま代入することができる．

最後の 22 行目は，ndarray オブジェクトから Image オブジェクトを得る例である．この変換には Image.fromarray() 関数を用いる．注意点は各チャネルの値が 0～255 の整数でなければならないことである．10 行目のように Image オブジェクトから np.array() を用いて ndarray オブジェクトを作成した場合は dtype が uint8 なので 22 行目のように書けばよいが，他の dtype の場合は np_image.astype('uint8') という具合に uint8 に変換する必要がある．22 行目では fromarray() の戻り値をそのまま save() しているが，ここで JPEG 画像として書き出してしまうと透明度チャネルが失われてしまうので，透明度をサポートする PNG 形式で保存している．

コード 3.9 の解説は以上である．ndarray との相互変換を用いれば，かなり高度な画像処理を実現することが可能である．例えば scipy.signal には convolve2d() という 2 次元の畳み込み和があるので，これを用いると ImageFilter ではサポートされないフィルタ処理を行うこともできる．だが，ある程度高度な画像処理となると恐らく OpenCV を使いたくなる場面が多いだろう．PIL の解説はここで終えて，次項では OpenCV を使用する．

■ 練 習 問 題

1）`Image` オブジェクトには `crop()` というメソッドがあり，`crop((10,20,30,40))` とすると左上 (10, 20) から右下 (30, 40) までを切り出した `Image` オブジェクトが得られる．これを利用して，ディレクトリ内の JPEG 画像を読み込み短辺に一致するように長辺の両端を均等に切断した正方形の JPEG ファイルを保存するスクリプトを作成せよ．ただし，短辺と長辺の差が奇数となる場合は右側，もしくは下側を 1 ピクセル多く切断すること．

2）コード 3.9 で幅と高さが異なる画像を処理すると楕円状に透明化される．幅と高さが異なる画像に対しても正円状に透明化されるようにコード 3.9 を変更せよ．

3.4.3　OpenCV を用いた画像処理

3.4.1 項で述べたように，OpenCV は専門的な機能を利用できる点が魅力である．そういった機能の解説は本書で扱う範囲を超えているので，ここではごく基礎的な事項と，インターネット上のサンプルなどを実行する際の注意点などを述べる．なお，本書の執筆時点では OpenCV 2.4 系と 3.0 系が配布されており，関数や定数などが一部異なっている．本書の記述は原則として OpenCV 2.4 系に準拠し，必要に応じて 3.0 系について触れる．

Python から OpenCV を利用するには `cv2` というモジュールを import する．ファイルからの画像の読み込みは `cv2.imread()` という関数を用いる．`imread()` の引数はファイル名で，PIL 同様にフォーマットを自動判別する．読み込んだ画像は 3 次元の `ndarray` オブジェクトである．PIL の `Image` オブジェクトから変換した時と同様に第 1 の次元が画像の高さ，第 2 の次元が画像の幅，第 3 の次元が色チャネルに対応していて，`dtype` は `uint8` である．ただし，PIL の場合は第 3 次元のチャネルの順番が RGB であったのに対して，`cv2.imread()` で読み込んだ場合は BGR の順になる点に注意する必要がある．この点にさえ注意すれば，NumPy の機能で様々な画像処理を行うことができる．画像の保存は `cv2.imwrite()` で行う．`imwrite('filename.jpg', np_obj)` のように第 1 引数にファイル名，第 2 引数に `ndarray` オブジェクトを指定する．やはりファイル名の拡張子から自動的に保存フォーマットが決定される．

もう少し高度な例として，画像からの顔検出を取り上げよう．コード 3.10 は test.jpg という画像ファイルを開いて顔検出を行い，検出された顔に枠を付けて result.jpg という画像ファイルへ書き出す．OpenCV の配布物に含まれる haar-

図 **3.22** haarcascade_frontalface_default.xml の位置.

cascade_frontalface_default.xml という XML ファイルを用意して，test.jpg と同じディレクトリに置いていることを想定している．Standalone PsychoPy を使用している場合はこの XML ファイルが含まれていないので，OpenCV の公式サイト (http://opencv.org/) で OpenCV をダウンロードし，展開して haarcascade_frontalface_default.xml を用意しておく必要があるので注意してほしい．XML ファイルの位置は今後 OpenCV の更新とともに変更される可能性があるが，2016 年 8 月の時点で 2.4 系の最新バージョンである 2.4.13 では図 3.22 の位置にあるので参考にしてほしい (Windows 版で確認).

コード **3.10** OpenCV による顔検出

```
1  #coding:utf-8
2  from __future__ import division
3  from __future__ import unicode_literals
4  import cv2
5  image = cv2.imread('test.jpg')
6
7  # CascadeClassifier オブジェクトを作成
8  classifier = cv2.CascadeClassifier(
9      'haarcascade_frontalface_default.xml')
10
11 # 検出を行う
12 faces = classifier.detectMultiScale(image)
13
14 # 検出された顔に赤枠を描く (BGR の順なので赤は(0,0,255))
15 for rect in faces:
16     cv2.rectangle(image,
17         tuple(rect[0:2]), tuple(rect[0:2]+rect[2:4]), (0,0,255), 2)
18
19 # 検出された顔の個数を画像の左下に書き込む
20 cv2.putText(image, '{} face(s) detected'.format(len(faces)),
21     (10, image.shape[0]-10), cv2.FONT_HERSHEY_SIMPLEX, 1.0,
22     (0, 0, 255))
23
24 cv2.imwrite('result.jpg',image)
```

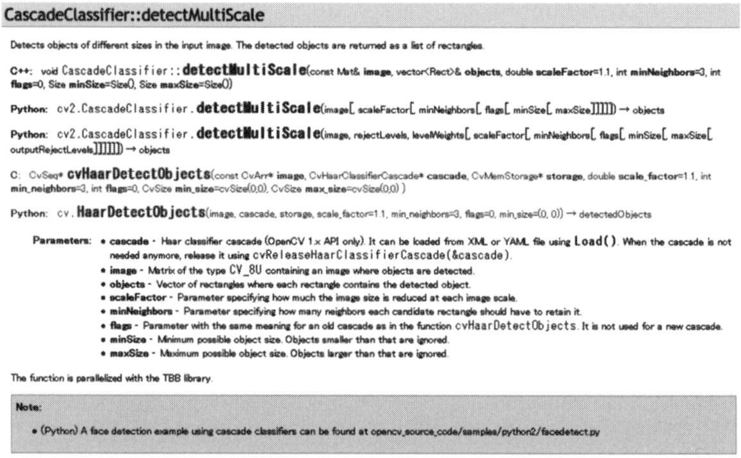

CascadeClassifier::detectMultiScale

Detects objects of different sizes in the input image. The detected objects are returned as a list of rectangles.

C++: void CascadeClassifier::**detectMultiScale**(const Mat& **image**, vector<Rect>& **objects**, double **scaleFactor**=1.1, int **minNeighbors**=3, int **flags**=0, Size **minSize**=Size(), Size **maxSize**=Size())

Python: cv2.CascadeClassifier.**detectMultiScale**(image[, scaleFactor[, minNeighbors[, flags[, minSize[, maxSize]]]]]) → objects

Python: cv2.CascadeClassifier.**detectMultiScale**(image, rejectLevels, levelWeights[, scaleFactor[, minNeighbors[, flags[, minSize[, maxSize[, outputRejectLevels]]]]]]) → objects

C: CvSeq* **cvHaarDetectObjects**(const CvArr* **image**, CvHaarClassifierCascade* **cascade**, CvMemStorage* **storage**, double **scale_factor**=1.1, int **min_neighbors**=3, int **flags**=0, CvSize **min_size**=cvSize(0,0), CvSize **max_size**=cvSize(0,0))

Python: cv.**HaarDetectObjects**(image, cascade, storage, scale_factor=1.1, min_neighbors=3, flags=0, min_size=(0, 0)) → detectedObjects

Parameters:
- **cascade** - Haar classifier cascade (OpenCV 1.x API only). It can be loaded from XML or YAML file using Load(). When the cascade is not needed anymore, release it using cvReleaseHaarClassifierCascade(&cascade).
- **image** - Matrix of the type CV_8U containing an image where objects are detected.
- **objects** - Vector of rectangles where each rectangle contains the detected object.
- **scaleFactor** - Parameter specifying how much the image size is reduced at each image scale.
- **minNeighbors** - Parameter specifying how many neighbors each candidate rectangle should have to retain it.
- **flags** - Parameter with the same meaning for an old cascade as in the function cvHaarDetectObjects. It is not used for a new cascade.
- **minSize** - Minimum possible object size. Objects smaller than that are ignored.
- **maxSize** - Maximum possible object size. Objects larger than that are ignored.

The function is parallelized with the TBB library.

Note:
- (Python) A face detection example using cascade classifiers can be found at opencv_source_code/samples/python2/facedetect.py

図 **3.23**　公式ドキュメントの `detectMultiScale` の記述 (2016 年 4 月現在：version 2.4.12.0)

ここで今までの解説と趣向を変えて [*19]，インターネット上で「OpenCV 顔検出 Python」というキーワードで検索するなどしてコード 3.10 のような例を見つけたとしよう．あまり詳細なコメントが書かれていないが，とりあえずコメントから 12 行目の `detectMultiScale()` というメソッドがポイントでありそうなことはわかる．それさえわかれば，OpenCV 公式サイトで公開されているリファレンスから詳しい情報を読み取ることができる．公式サイトにアクセスし，ページ上部の Documentation にマウスオーバーすると Reference という項目がある．これをクリックすると，OpenCV の公式リファレンスのトップページが開く．本書の執筆時点では version 2.4.12.0 のリファレンスが掲載されている．search と書かれたボタンの横の入力欄に detectMultiScale と入力して検索してみると，図 3.23 のような `detectMultiScale()` の項目が見つかる．CascadeClassifier::detectMultiScale という見出しのもとに，上から順番に C++，Python，C，および Python 用の旧式の関数が書かれている．このように C++や C での関数名が併記されているので，検索や書籍で見つけたサンプルが C++ や C 向けに書かれたものであっても，使用する関数名さえわかれば対応する Python 用の関数名を調べることができる．

さて，図 3.23 の Python 用関数の定義を抜粋すると，以下のように書かれている．

```
Python: cv2.CascadeClassifier.detectMultiScale(image[, scaleFactor[,
     minNeighbors[, flags[, minSize[, maxSize]]]]]) → objects
```

[*19] 本書で OpenCV の諸機能を取りあげない以上，検索や書籍などの例を OpenCV の公式ドキュメントを利用して読み解かなければならないケースが多いと思われるからである．

1.3.3 項で紹介した help() による関数のヘルプと同様，引数のうち [ ] で囲まれているものは省略可能である．引数 image の後ろに最初の [があるので，コード 3.10 の 12 行目のように第 1 引数のみを指定して後は省略できる．引数 minSize を指定したい場合は，minSize を囲む [ ] より前の引数 (つまり flags まで) をすべて省略せずに指定するか，detectMultiScale(image, minSize=(100,100)) のように引数名を明記しなければならない．

注目すべき点は，関数の定義で cv2 と detectMultiScale の間に CascadeClassifier という語が入っている点である．ここから，cv.CascadeClassifier というクラスが存在すること，そしてそのオブジェクトを作成してからメソッドとして detectMultiScale を呼ぶのだろうと予測できる．コード 3.10 を確認すると，確かに detectMultiScale() は classifier という変数に格納されたオブジェクトから呼び出されている．そして変数 classifier をコード 3.10 内で探すと，12 行目で cv2.CascadeClassifier() という関数によって作成されていることがわかる．参考にしている資料に CascadeClassifier() について十分な情報が書かれていればよいが，書かれていなければ再び公式ドキュメントで CascadeClassifier を検索する必要があるだろう．こういった作業はプログラミングの初心者にとっては困難だろうが，いま経験を積んでおけば，将来実験や分析のための新しいライブラリが発表されて習得しなければならなくなったときに役立つはずである．以下，コード 3.10 の残りの部分を解説するが，公式リファレンスを調べながら読むことをおすすめする．

まず 5 行目で test.jpg を変数 image に読み込んだ後，8 行目で CascadeClassifier オブジェクトを作成している．公式リファレンスによると，以下のように引数は 1 つで "classifier" というものを読み込むファイル名を指定すると書かれている．

```
Python: cv2.CascadeClassifier([filename])→<CascadeClassifier object>
    Parameters: filename - Name of the file from which the classifier
      is loaded.
```

これだけでは detectMultiScale が用いている Cascade Classification という手法に精通している人でなければ何のことかさっぱりわからないだろうが，使用例を検索すると検出器を定義する XML ファイルであること，顔や目，体全体など様々な物体を検出するための XML ファイルが OpenCV と共に配布されていることがわかる．最初に haarcascade_frontalface_default.xml というファイルを用意する必要があると述べたが，このファイルは正面を向いた顔の検出器を定義した XML ファイルである．8 行目でこのファイルを読み込んでいる．なお，上記の CascadeClassifier() の第 1 引数が [filename] という具合に [ ] で囲まれているので，この関数は引数なしで実行することができることがわかる．引数なしで実行した場合は，後で load() メソッドを用いて XML ファイルを読み込む必要がある．

12 行目では作成した CascadeClassifier オブジェクトの detectMultiScale() メソッドを利用して顔検出を行っている．これはすでに述べた通りである．なお，detectMultiScale() の第 1 引数は公式リファレンスによると以下のように書かれている．

> image - Matrix of the type CV_8U containing an image where objects are detected.

この CV_8U が意味不明だが，公式リファレンスを検索するか Google 等インターネット上で「OpenCV CV_8U」などと検索すると，8 bit 符号なし整数であることがわかる．cv2.imread() で読み込んだ画像は先述した通り dtype が uint8 の ndarray オブジェクト，すなわち 8 bit 符号なし整数なので，12 行目のようにそのまま引数として用いることができる．detectMultiScale() の戻り値は→ objects と書かれており，これも意味不明だが，関数の定義の前に “The detected objects are returned as a list of rectangles.” とあるので，長方形のリストであることが推察できる．長方形は要素数 4 の 1 次元 ndarray オブジェクトで，左上の X 座標，Y 座標，幅，高さが格納されている．

15 行目の for 文では，このリストから長方形のデータを順番に取り出して，画像に長方形を描画する関数 cv2.rectangle() を使用して赤枠を描画している．第 1 引数は描画対象となる ndarray オブジェクト，第 2 引数は長方形の左上の座標，第 3 引数は右下の座標である．第 4 引数は色，第 5 引数は線の太さである．頂点の座標は ndarray オブジェクトではなくタプルでなければいけないので，tuple() を使って ndarray オブジェクトからタプルに変換している．色は要素数 3 のタプルで指定できるが，順番が RGB ではなく BGR である点に注意する必要がある．R が最後なので，赤は (0,0,255) である．

後は結果を result.jpg として出力すればよいが，このままでは顔がひとつも検出されなかった時に元画像の test.jpg と全く同じ画像となってしまうので，検出した顔の個数 (faces の要素数) を，20 行目で文字列を描画する関数 cv2.putText() を用いて画像の左下に文字列として出力している．第 1 引数は描画対象となる ndarray オブジェクト，以下順番に描画する文字列，文字列の左下の座標，フォントの種類，大きさ，色を指定している．座標は PIL と同様に左上が原点で，フォントの大きさは各フォントの標準サイズに対する比率で指定する．問題はフォントの種類に指定されている cv2.FONT_HERSHEY_SIMPLEX という値だが，これは実際には 0 である．OpenCV ではフォントの種類のような「質的変数」である引数を数値で指定しなければいけないケースが多く，可読性を高めるために cv2.FONT_HERSHEY_SIMPLEX=0 という具合に定数が定義されている．公式ドキュメントでは単に FONT_HERSHEY_SIMPLEX と書かれているので，公式ドキュメントを参考に Python 用のコードを書く場合は適宜 cv2.

図 3.24　コード 3.10 の実行例．左:元画像．右:出力画像．モノクロでも見やすいように枠と文字は白色で描画している．

を補わなければならない．

20 行目で文字列を書き込んだ画像を最終的に 24 行目に result.jpg に書き込んで，処理は終了である．人物の顔が写っている写真画像を test.jpg とリネームして，コード 3.10 を実行してみてほしい．result.jpg という画像が作成され，顔が検出されていればその位置に赤枠が描画されている．また，左下に検出された顔の個数が出力されているはずである．図 3.24 に実行例を示す．使用する画像によっては，顔が写っていない位置にも赤枠が表示されることがある．検出精度を高めていくためには，`detectMultiScale()` の省略した引数を調節したり，戻り値の内容を精査して顔ではないものを除外するなどの処理を追加する必要がある．そういった処理の解説は本項の目的を超えるので，この辺りで解説を終えるとしよう．

■ 練 習 問 題

1）OpenCV 公式ドキュメントやインターネット検索で `cv2.putText()` に指定できるフォントの種類を確認し，コード 3.10 で使用するフォントを別のものに変更せよ．

2）OpenCV 公式ドキュメントやインターネット検索で `detectMultiScale()` の引数を確認し，顔として検出する領域の最小値と最大値を制限するようにコード 3.10 を変更せよ．

3.5　実験実行中のデータ処理

3.5.1　USB カメラの活用

USB カメラはノート PC に組み込まれていたり USB 接続で簡単に使用することができたりして，実験中の様子を動画で記録しておきたい時に便利である．ただ記録するだけであればカメラに付属のアプリケーションを利用する方が便利だし高画質の動画を記録できる場合が多いが，撮影した映像をその場で加工，分析して実験に利用したい場合は実験実行時に Python からカメラにアクセスする必要がある．本項では，このような用法について考えてみたい．

まず，Python から USB カメラを使うには OpenCV の `VideoCapture` クラスを用いるのが簡単である．以下のコード 3.11 では，`VideoCapture` で USB カメラの映像を読み取り，左右反転して PsychoPy のスクリーン上に描画する例を考える．視覚運動協応の実験に使えるかもしれないし，TV 電話を使ったコミュニケーションの実験でリアルタイムに映像に加工するといった用途に利用できるかもしれない．コードの実行には OpenCV から利用できるカメラが必要である．OpenCV 公式サイトで配布されている各 OS 用のビルド済み OpenCV を使う場合，利用できるカメラは OS により異なるが，UVC (USB Video Class) に対応している USB カメラならどの OS でも利用可能だ．「ドライバ不要」，「つなぐだけですぐ使える」などと謳われている web カメラや，ノート PC に組み込まれているカメラなどは多くの場合 UVC 対応カメラである．

コード 3.11　USB カメラの映像を左右反転して提示

```
1  #coding:utf-8
2  from __future__ import division
3  from __future__ import unicode_literals
4  import numpy as np
5  import cv2
6  import psychopy.visual
7  import psychopy.event
8
9  win = psychopy.visual.Window(units='pix', fullscr=False)
10 stim = psychopy.visual.ImageStim(win, size=(640,480), contrast=0.3)
11 capture = cv2.VideoCapture(0)
12 #if not capture.isOpened():
13 #    # 開けなかった時の処理はこのようにif 文と isOpened()を使う
14
15 while not 'escape' in psychopy.event.getKeys():
16     retval, image = capture.read() # grab と retrieve を一気に
17     if retval:
18         reversed = image[::-1,::-1,::-1]/128-1 # 色変換と反転を一気に
19         stim.setImage(reversed)
20         stim.draw()
21         win.flip()
22
23 capture.release()
24 win.close()
```

11 行目の `cv2.VideoCapture()` が OpenCV の `VideoCapture` オブジェクトを作成する関数である．引数に 0 を指定すると，システムに接続に接続されている「最初の」カメラに接続してフレーム (画像) を読み込む．複数のカメラが接続されている場

合は，0，1，2…と整数を指定するとそれぞれのカメラを指定できる．コード 3.11 では省略したが，isOpened() メソッドを用いると，カメラを接続できた場合に True，失敗した場合に False が得られるので 12〜13 行目のコメントのように if 文を使用すればカメラを接続できなかった場合の処理を記述できる．カメラを接続しているのに失敗する場合は，そのカメラが OpenCV でサポートされていない可能性もあるが，他のアプリケーションがカメラを使用中である可能性もあるので，バックグラウンドでカメラを使用するアプリケーションを走らせているなら停止させること．なお，cv2.VideoCapture() の引数に動画ファイル名を指定すると，別のアプリケーションで作成した動画ファイルから 1 フレームずつ読みだして処理することができる．

カメラからフレームを読み込むには，VideoCapture オブジェクトの read() という関数を用いる．公式ドキュメントによると，この read() はカメラからデータを取得する grab() というメソッドとそのデータを画像データに変換する retrieve() をまとめて実行する関数で，複数台のカメラを同時利用する際に少しでもカメラ間のズレを抑えたい場合は各カメラに対して一気に grab() を行う方がよいとされている．

read() または retrieve() の戻り値は，cv2.imread() と同様の ndarray オブジェクトである．すなわち，PIL の Image オブジェクト同様に左上が原点で下向き，右向きが正の方向であり，各色チャネルの値は 8 bit 符号なし整数である．これを PsychoPy で表示するには，10 行目で作成している PsychoPy の ImageStim オブジェクトを用いる．10 行目で ImageStim オブジェクトの作成時に contrast=0.3 としているのは筆者のテスト環境でカメラ画像のコントラストが高めに描画されたのを補正するためである．値は各自の環境に合わせて調節するとよい．

ImageStim オブジェクトは setImage() メソッドを使用することでスクリプト実行中に画像を更新することが可能だが，ndarray オブジェクトで画像データを渡す場合は通常の PsychoPy の色指定と同様に色チャネルは RGB の順で値は −1.0〜1.0 の浮動小数点数でなければならない．また，PsychoPy では上向きが正の方向なので，上下も反転する必要がある．3.3.3 項で解説したスライスで負の増分を用いるテクニックを利用すると，以下のようにすればチャネルの変換と上下の反転を一気に行うことができる．上下方向は第 1 次元なので::-1 で反転可能であるし，色チャネルの順は BGR を RGB に並び替えるのでやはり::-1 による反転で可能だからである．

```
reversed = image[::-1, :, ::-1]
```

これに加えて左右の反転も行い，さらに 8 bit 符号なし整数から −1.0〜1.0 の浮動小数点数への変換を一気に行ったのがコード 3.11 の 18 行目である．8 bit 符号なし整数を 128 で割ることによって 0.0〜2.0 に変換し，そこから 1 を引いて −1.0〜1.0 として

いる [*20]．変換後の画像データを 19 行目の setImage() で PsychoPy の ImageStim オブジェクトにセットし，あとは draw()，flip() を行うだけである．キーボード ESC キーが押されればループを終了し，23 行目の release() メソッドでカメラを開放する．開放することによって他のアプリケーションなどからカメラが利用できるようになる．

VideoCapture オブジェクトで接続したカメラの設定を確認，変更するにはそれぞれ get()，set() というメソッドを用いる．以下に get() で現在のフレーム幅を得る例と set() でフレーム高を 480 に設定する例を示す．

```
width = capture.get(cv2.cv.CV_CAP_PROP_FRAME_WIDTH)
capture.set(cv2.cv.CV_CAP_PROP_FRAME_HEIGHT, 480)
```

それぞれ第 1 引数に指定されているのは設定項目を表す定数である．項目の一覧は公式ドキュメントを参照していただきたい．公式ドキュメントではフレーム幅を設定する定数は CV_CAP_PROP_FRAME_WIDTH と記載されているが，OpenCV 2.4 では cv2.cv というサブモジュール内で定義されているため，上の例のように cv2.cv. を定数名につける必要がある．OpenCV 3.0 では，cv2.CAP_PROP_FRAME_HEIGHT という具合に冒頭の CV_を取り除いた名前で定義されている．

なお，設定可能な項目はカメラによって異なるので注意していただきたい．筆者の経験上，旧バージョンの OpenCV ではほとんどの項目が設定できなかったカメラが，最近のバージョンでは設定できるようになっているので，旧バージョンで試して設定ができずに諦めていた人は最新の OpenCV をインストールして試してみるとよいだろう．

すでに述べたように，VideoCapture オブジェクトでカメラに接続すると，そのカメラは開放するまで他のアプリケーションから利用することができない．したがって，カメラの付属アプリケーションなどで録画をすることができない．VideoCapture オブジェクトを使ってリアルタイムに加工を行いつつ，その画像を動画ファイルとして保存しておく必要がある場合は cv2.VideoWriter オブジェクトを用いる．コード 3.11 に保存機能を追加するために必要な処理を抜粋したものをコード 3.12 に示す．

コード **3.12** VideoWriter で動画を保存する (抜粋・OpenCV 3.0 では要変更)

```
1 #  VideoWriter オブジェクトを作成する
2 writer = cv2.VideoWriter('output.m4v',
3     cv2.cv.CV_FOURCC(b'M', b'P', b'4', b'V'), 30, (640,480))
4
5 while recording:
```

[*20] 正確には最初の割り算で 0.0〜2.0 ではなく 0〜255/128，すなわち 0〜1.99 となるので，最終的な値も最大値は 1.0 にならない．

```
6        # ここで動画として保存したい画像データを
7        # 変数imageに格納する
8        writer.write(image)
```

2行目はVideoWriterオブジェクトの作成である．引数は順番に保存するファイル名，FOURCC，フレームレート，解像度である．FOURCCとは動画のコーデック(符号化方法)を指定する4文字の記号で，例えばMotion JPEGならMJPG，MPEG–4 VideoならMP4Vである[*21]．第2引数で用いているcv2.cv.CV_FOURCC()は，FOURCCの4文字を引数として対応する値を返す関数である．この関数はUnicode文字列に対応していないため，3行目のようにbを各文字列の前に付けてByte型にする必要がある．インターネット上のCV_FOURCC()のサンプルでbが付いていないものは，標準の文字列型がUnicodeではないPython2用のサンプルなので注意すること．なお，インターネット上のサンプルで引数に*'MP4V'と書いてある場合があるが，これは引数*'MP4V'が'M','P','4','V'に展開されることを利用したテクニックである．

なお，cv2.cvサブモジュールはOpenCV 3.0では廃止されているので，OpenCV 3.0のユーザーはcv2.cv.CV_FOURCC()の代わりにcv2.VideoWriter_fourcc()を使用する必要がある．

録画したいカメラ画像の取得前に一度VideoWriterオブジェクトを作成しておけば，後は1フレーム分のデータが得られるたびにwrite()メソッドで書き込みを行えばよい．コード3.12の5〜8行目のように，whlie文などで処理を繰り返す形で使用することが多いだろう．write()の引数に使うデータはVideoCaptureのread()メソッドの戻り値と同様の形式であり，PsychoPyのImageStim用の形式とは異なる点に注意すること．VideoWriterはVideoCaptureと独立して使用することが可能なため，カメラを使用せずにPIL等を用いて動画の各フレームを描画してVideoWriterで動画にすることも可能である．

以上で本項のサンプルの解説は終了である．最後に注意すべき点を挙げておくと，カメラ画像の取得および画像処理はPsychoPyでの刺激提示および反応時間計測の精度に大きな影響を及ぼす．2.4.1項でflip()がもたらす影響について解説したが，同様のことがカメラ画像の取得および画像処理についても言える．2.4.2項で紹介したioHubを利用すれば，キーボード等を用いた反応計測の時間精度については問題を回避できるが，カメラで撮影してからPCで取得されるまでの遅延や取得後の画像処理に

[*21] fourcc.orgの一覧表(http://www.fourcc.org/codecs.php)参照．使用できるフォーマットはOpenCVをビルドした際の設定に依存する．StandAlone PsychoPyに付属のものでは多くのコーデックは使用できない．

よる遅延には対処できない．これらの遅延は使用するカメラの仕様に依存するので，どの程度の時間になるのか一概に議論することは難しい．自分が行おうとしている実験でどこまで時間的精度が求められるのか，実験に使用する装置の遅延が許容範囲内に収まっているかを慎重に検討する必要がある．2.4.1 項で紹介した psychopy.logging を用いて flip() の間隔を記録したり，以下のように PsychoPy の Clock オブジェクトを用いて各処理に要する時間を計測して出力すると参考になるだろう．

```
clock.reset() # clock は psychopy.core.Clock オブジェクト
retval, image = capture.read() # 所要時間を計測したい処理 (ここではread
    ())を行う
psychopy.logging.info('READ:{:.1f}msec'.format(1000*clock.getTime())
    # ログに出力
```

■ 練 習 問 題

1）コード 3.11 を変更して，左右反転後の映像を動画として保存できるようにせよ．コード 3.11 の 18 行目で左右反転と PsychoPy 描画用形式への変更を一度に行っているが，この処理を分解して反転のみ行ったデータを残しておくことがポイントである．

2）カメラ画像の最新の 10 フレーム分変数に保持して，最新フレームより 9 つ前のフレームをスクリーンに描画するようにコード 3.11 を変更せよ．

3）3.4.3 項のコード 3.10 (p.149) を参考にして，カメラ画像に対して顔検出を行った結果を PsychoPy のスクリーンに描画せよ．

4）各自の環境で VideoCapture の read() と VideoCapture の write() の所要時間を計測せよ．コード 3.11 を元にしてもよいし，新規にスクリプトを作成してもよい．

3.5.2 データへの非線形当てはめ

2.3.3 項では，実験参加者の反応に基づいて処理を分岐する例として極限法を取り上げた．極限法では単純な規則で次に用いる刺激のパラメータを計算することができたが，実験によっては複雑な計算が求められる場合もある．ここまで解説してきた NumPy の知識を使えば多くのケースに対応できると思われるが，SciPy などの高度な計算に特化したパッケージを利用すればプログラミングの負担を大幅に軽減することが可能である．本項では，SciPy の scipy.optimize サブパッケージを用いて非線形モデルへの当てはめを行う例を紹介する．

例題として，実験を 100 試行毎にブロック化して，各ブロックの終了時に反応時間のデータをモデルに当てはめて分布を推定するというケースを考えよう．分布のモデルとして，反応時間の逆数が正規分布するとするLATERモデルを用いる[*22]．LATERモデルに従うと，反応時間の分布は以下の式に従う．したがって，各ブロックの反応時間の度数分布を求めて，階級と度数をこの式に当てはめれば分布の推定ができる．

$$\frac{1}{t^2\sqrt{2\pi\sigma^2}}\exp(-\frac{(1-\mu t)^2}{2\sigma^2 t^2}) \qquad (t \neq 0) \tag{3.1}$$

本来ならば刺激提示や反応計測の部分もすべて含んだコードを示すべきであろうが，そうするとコードが非常に長くなるので，ダミーの反応時間データを用いて非線形当てはめを実行する例をコード3.13に示す．

コード **3.13** 反応時間の分布をLATERモデルに当てはめる

```
 1 #coding:utf-8
 2 from __future__ import division
 3 from __future__ import unicode_literals
 4 import numpy as np
 5 import matplotlib.pyplot as plt
 6 import numpy.random as random
 7 import scipy.optimize as optimize  # 最適化の数値計算を行うモジュール
 8
 9 rt = 1000/random.normal(5.0,1.5,size=100) # ダミーデータの作成
10
11 n, bins = np.histogram(rt, bins=np.arange(100,650,50)) # ヒストグラム
     を得る
12 bin_center = (bins[:-1]+bins[1:])/2 # 各階級の中央の値を計算
13
14 def pdf_LATER(t, k, mu, sigma):  # 当てはめに用いる関数を定義する
15     return k/(t**2*np.sqrt(2*np.pi)*sigma)*np.exp(
16         -(1-mu*t)**2/(2*sigma**2*t**2))
17
18 params, pcov = optimize.curve_fit( # 当てはめを実行する
19     pdf_LATER, bin_center, n, p0=(100, 1, 1))
20
21 plt.bar(bins[:-1], n, width=50, color='0.75') # これ以降はおまけ
22 t = np.arange(1,650)
23 plt.plot(t, pdf_LATER(t, *params), 'k-', linewidth=3)
24 plt.text(400, 20, 'k:{}\nmu:{}\nsigma:{}'.format(*params) )
25 plt.show()
```

まず，7行目で `scipy.optimize` というモジュールを import している．このモジュールには条件付き最適化問題などの数値計算を行う関数が含まれており，今回はその中の非線形最小二乗法による当てはめを行う `curve_fit()` という関数を使用する．9行目はダミーの反応時間データの準備である．`numpy.random` には様々な分布の乱数からの標本を得る関数が用意されており，`normal()` は第1引数が平均値，第

[*22] Carpenter, R. H. S. (1981) Oculomotor procrastination. In Fisher, D. F., Monty, R. A. & Sendars, J. W. (Eds.), *Eye movements: Cognition and Visual Perception* (p.237–246). Hillsdale, NJ: Lawrence Erlbaum.

2 引数が標準偏差の正規分布から無作為に標本を取り出す．引数 `size` に正の整数を指定すると，その個数の標本をまとめて取得することができる．ここでは 100 試行分のダミーデータを作成するため `size=100` としている．LATER モデルの仮定に基づき，正規乱数の逆数からダミーの反応時間を得ている．分子の 1000 や `normal()` の引数 5.0，1.5 は反応時間のピークが 150〜200 (ミリ秒) 付近になるように恣意的に決定したものである．

11 行目からが処理の本体である．変数 `rt` に 100 試行分の反応時間が格納されているとする．ここから度数分布を得るには `np.histogram()` を用いる．第 1 引数はデータ，引数 `bins` は各階級の境界値のリストを指定する．例えば `bins` が `[100,200,300]` という要素数 3 のリストなら，$100 \leq x < 200$，$200 \leq x < 300$ の 2 階級となる．境界値の間隔は一定である必要はない．`bins` が省略された場合はデータの最小値，最大値をに基づいて階級が 10 段階になるように自動的に階級を設定する．戻り値は各階級の度数と階級の境界値のリストである．引数 `bins` を指定した場合，指定したリストと第 2 の戻り値は一致する．11 行目では `np.arange()` を用いて `bins` に 100 から 600 まで 50 ずつ値が増加する要素数 11 の `ndarray` オブジェクトを指定している (第 2 引数の 650 は含まれない点に注意)．`histogram()` の第 1 の戻り値 `n` の要素数は `bins` の要素数より 1 小さい 10 となる．

12 行目は，非線形当てはめの計算に用いるために各階級の中央の値を計算している．計算結果は 125 から 575 まで 50 ずつ増加する要素数 10 の `ndarray` オブジェクトとなる．なぜそうなるかわからない人は，まず右辺式に含まれる 2 つのスライスによってどのような `ndarray` オブジェクトが得られるかを考えてほしい．

14〜16 行目では，`curve_fit()` を用いて式 3.1 を Python の関数として定義している (1.3.8 項)．関数名は `pdf_LATER()`，引数は `t, k, mu, sigma` の 4 つである．第 1 引数が独立変数，第 2 引数以降は当てはめのパラメータである．LATER の密度関数の変数は t，μ，σ の 3 つだけだが，データは密度そのものではなく度数分布なので式 3.1 を定数 (k) 倍する必要がある．15〜16 行目の式が式 3.1 を k 倍したものになっていることを確認してほしい．実際にこの処理を実験スクリプトに組み込む場合，`pdf_LATER()` の定義は 1 度だけ行えばよいので，各ブロックの終了時ではなくスクリプトの冒頭で定義するとよいだろう．

18〜19 行目が `curve_fit()` による非線形当てはめの処理である．第 1 引数に当てはめる関数，第 2 引数に独立変数，第 3 引数に従属変数を指定する．引数 `p0` はパラメータの初期値を指定する．各要素は順番に `pdf_LATER()` の 2 番目以降の引数に対応する．非線形当てはめでは局所的最適解に落ち込んでしまう可能性があるため，予想されるパラメータ値にある程度近い値を設定しておくとよい．今回の場合は `k` の初期値が小さいと失敗する可能性が高いため，大きめの値を設定している．戻り値は 2 つの要素からなり，第 1 要素は二乗誤差を最小化するパラメータの値を格納した ndarray オブジェクトである．各要素は引数 p0 同様 pdf_LATER() の 2 番目以降の引数に対応する．戻り値の第 2 要素はパラメータの共分散行列である．

21 行目以降は求めたパラメータの利用例として，ダミーデータのヒストグラムと当てはめた曲線をプロットしている．21 行目の plt.bar() は棒グラフを描く Matplotlib の関数である．第 1 引数が各バーの左端の座標，第 2 引数がバーの高さである．引数 width，color はそれぞれバーの幅と色の指定である．第 1 引数を bins[:-1] として各階級の最小値とし，バーの幅を階級の幅である 50 とすることによって，バーの間に隙間がないヒストグラムを描画している．色は折れ線グラフの時のように'b' などのアルファベット 1 文字でも指定できるが，この例のように 0.0〜1.0 の小数を示す「文字列」を与えると灰色で描画される (0.0 が黒，1.0 が白)．「文字列」というのは 0.75 ではなく'0.75' と書かなければならないという意味である．

22 行目と 23 行目が求めたパラメータの利用例である．まず 22 行目で当てはめた曲線をプロットするための t の値を作成し，23 行目で pdf_LATER(t, *params) として関数の値を計算している．第 2 引数の*params の各要素は順番に pdf_LATER() の引数 k，mu，sigma に展開されるので，このような書き方で計算ができる．後は 3.3.1 項で紹介した plt.plot() を使ってグラフを描画しているだけである．引数 linewidth は線の太さを指定する引数である．

24 行目の plt.text() は第 1 引数，第 2 引数で指定された座標を左下としてグラフ中に文字列を描く関数である．これを用いて求められたパラメータをグラフ上に描画して，最後に plt.show() で表示している．コード 3.13 を実行した例を図 3.25 に示す．ダミーデータは乱数で作成しているので毎回ヒストグラムの形状が変化する．LATER モデルに基づいてダミーデータを作成したのでモデルがよく当てはまるのは当然だが，ヒストグラムにうまく当てはめができていることがわかる．

今回の例では当てはめに用いる関数の独立変数が 1 つだったが，2 つ以上の独立変数を当てはめたい場合もあるだろう．例えば以下の 2 変数ガウス関数 $g(x,y)$ に当てはめたいとする．k，x_m，x_s，y_m，y_s がパラメータである．

$$g(x,y) = k \exp\left(-\left(\frac{x-x_m}{x_s}\right)^2 - \left(\frac{y-y_m}{y_s}\right)^2\right) \tag{3.2}$$

このような場合は，独立変数 x，y の値をそれぞれ Python の変数 x，y に格納して，当てはめ関数の第 1 引数として (x,y) というタプルを受け取るように定義するとよい．そして，当てはめ関数の内部で以下の例の 2 行目のように第 1 引数を展開して使用する．

```
def g(xy, k, xm, xs, ym, ys):
    x, y = xy # タプルで渡された独立変数を展開する
```

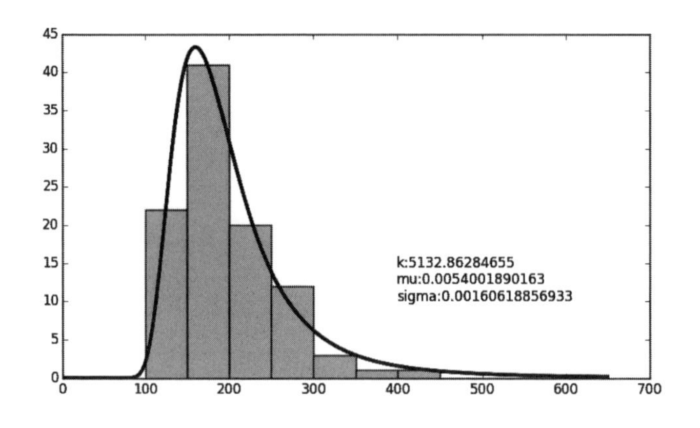

図 3.25　コード 3.13 の実行例

```
    return k * np.exp(-((x-xm)/xs)**2-((y-ym)/ys)**2)
```

このように定義しておけば，x，y に独立変数のデータが格納されていて，z に従属変数のデータが格納されている場合，以下の例の 1 行目のように curve_fit() を実行できる．ある 1 件のデータに対して当てはめ件数の値を求めたい場合は 2 行目のように x，y にスカラー値を設定すればよいし，複数件のデータに対してまとめて計算したい場合は 3 行目のように x，y にリスト等を設定すればよい．

```
1 params, pcov = optimize.curve_fit(g, (x, y), z, p0=(1,0,1,0,1))
2 z0 = g((0.0, 0.0), *params) # (0,0)における値を計算
3 residuals = z-g((x, y), *params) # 残差をまとめて計算
```

以上でコード 3.13 の解説は終わりである．第 3 章では，Python を用いたデータの整理や音声，画像の加工など，いろいろな話題を取りあげてきた．心理学実験で必要となる処理は多様であり，本章での解説はそれらの処理のほんの一部に触れたに過ぎない．しかし，本章で紹介してきた程度の NumPy，SciPy の使い方を理解しておけば，書籍やインターネットで見つけられる豊富なサンプルコードや解説を読む際に役立つと期待する．

■ 練習問題

1) 本文で述べた通り，curve_fit() で得られた解は局所的最適解である可能性がある．よりよい解を求めるために，curve_fit() が用いるパラメータの初期値 p0 を乱数で 1000 通り作成して curve_fit() を行い，残差平方和が最も小さくなる解を求めるようにコード 3.13 を変更せよ．

A

付　　　録

A.1　Python2 と 3 の違い

本書の執筆時における Python のメジャーバージョンは 3 だが，メジャーバージョン 2 の Python も幅広く利用されている．Python3 では Python2 での様々な問題が解決されたが，その代償に文法の一部で互換性が損なわれてしまった．つまり，Python3 用に書かれたスクリプトが Python2 で動かなかったり，逆に Python2 で書かれたスクリプトが Python3 では動かなかったりするということである．したがって，Python で心理学実験用プログラムの開発を行うにはまず使用する Python のバージョンを決めなければならない．

現在，積極的な開発が行われているのは Python3 であり，Python2 は Python2.7 を最後のバージョンとして今後新たなバージョンがリリースされないことが決まっている．したがって将来的なことを考慮すると Python3 が有利だが，PsychoPy 等のパッケージが Python3 に未対応であるため，心理学実験向けには今のところ Python2.7 を選ばざるを得ない．以下に Python2 と 3 の主な相違点を列挙する．

1）Python2 では文字列のデータ型として str 型と unicode 型の 2 種類があり，日本語などの文字を使用するには unicode 型を使用する必要がある．Python3 では文字列型は str 型のみであり，これは Python2 の unicode 型に相当する．

2）Python2 では bytes 型は単に str 型のエイリアス (別名) であったが，Python3 では bytes 型というデータ型がある．

3）Python2 では整数同士の割り算の戻り値は整数であり，端数は切り捨てられる．Python3 では小数となる．例えば Python2 で `7/2` は 3 であるが，Python3 では 3.5 である．

4）Python3 では`%`演算子を用いた文字列への値の書式付き埋め込みは廃止される予定である．代わりに str 型の `format()` を用いる．

5）Python2 では 0 から始まる整数は 8 進数として解釈されるが，Python3 ではこの書き方はエラーとなる．`0o18` のように `0o` を付ける必要がある．

6）Python2 では print は文だが Python3 では関数である．

7）例外処理を記述する際に用いる raise 文や，例外を受け取る except 文の書き方が異なる．

8）Python2 で辞書オブジェクトにキーが存在するか確認するために用いる `has_key()` メソッドが Python3 の辞書にはない．代わりに in 演算子を用いる．

9）Python2 の `xrange()` が Python3 では廃止され，`range()` が `xrange()` と類似の働きをする．Python2 の `range()` はリストを返すが，Python3 で同様の結果を得る必要がある場合は `list(range())` とする．

Python2.7 では Python3 の変更がいくつかバックポートされており，例えば 4 の `format()` や 6 の `print()` はそのまま利用できる．

心理学実験の作成という観点では，日本語の教示文や刺激を含む心理学実験を作成するうえで 1 は非常に大きな問題である．また，刺激の位置を計算したり参加者の反応を処理したりする時には 3 が問題となる．だが，これらの違いを吸収して Python2.7 の動作を Python3 に近付けるための`__future__`パッケージがPython2.7には含まれており，`__future__.unicode_literals`と`__future__.division`を読み込むと1と3はほぼ解消できる．

A.2 Standalone PsychoPyを利用しないセットアップ

この節の情報を必要としている読者は，Linux系OSを使用しているか，Windowsですでに Standalone PsychoPy以外のPythonを使用しているであろうから，ある程度の経験や専門知識を持っていることを前提として解説する．

StandAlone PsychoPyを使わずにPsychoPyを使用するには，まずPythonのバージョン2.7系を用意する必要がある．PsychoPyは2016年6月現在，Python3.x系をサポートしていないからである．Windowsで使用する場合は，OSが32bitであるか64bitであるかに関わらず，32bit版(x86)のPythonを使用することを勧める．理由は2つあり，第1にWindows版のStandAlone PsychoPyは32bitのPythonをベースにしており，64bit版(x64)のPythonで十分に動作確認されていない．第2に，反応計測にA.7節の方法で特殊なハードウェアを使う場合，現状では32bit版のPythonの方が対応できる可能性が高いと思われるからである*1)．MacOS XとLinux系OSの場合はOSに一致するPythonを使用すればよい．

以上の点を踏まえた上で，セットアップの手順を解説する．まずLinux系OSの場合は，OSのパッケージの中にPsychoPyが含まれているかを確認する．例えばDebian, NeuroDebian, Ubuntuなどではパッケージに含まれているので，パッケージマネージャを用いて簡単にインストールすることができる．

Linux系OSでパッケージが用意されていない場合や，WindowsでStandalone PsychoPy以外のPythonを使いたい場合は，やや難易度が高くなる．PsychoPy本体のインストールは簡単で，pipが使える場合はインターネットに接続した状態で`pip install psychopy`を実行すればよい．pipの主なコマンドを表A.1に示す．

easy_installを使える場合は，PsychoPyのダウンロードページからeggファイルをダウンロードして，“`easy_install` eggファイル名”を実行すればよい．zipファイル(Source codeではない方)をダウンロードして，展開したディレクトリで“`python setup.py install`”を実行してもインストールすることができる．

しかし，残念ながらこれらの方法では，PsychoPyの実行に必要な依存パッケージがいくつかインストールされない．PsychoPyのページには依存パッケージの一覧が掲載されているが(http://www.psychopy.org/installation.html#dependencies)，実際にはこの一覧にないパッケージもいくつか必要である．

どのパッケージが必要かは使用しているPythonのディストリビューションによって大きく異なるため，PsychoPyを起動してみて表示されるエラーメッセージから必要なパッケージを推定する必要がある．例えば実行時に以下のように“No module named...”というエラーメッセージが表示される場合は，そのモジュールを含むパッケージ(この場合はgevent)をインストールする必要がある．

```
Traceback (most recent call last):
(中略)
```

*1) ハードウェアのデバイスドライバとPythonのアーキテクチャ(32bitか64bitか)が一致していなければならないからである．

表 A.1　pip の主なコマンド

コマンド	機能
`pip search  foo`	PyPI(Python Package Index) から foo を検索する.
`pip install foo`	foo というパッケージをインストールする.
`pip install foo=1.0.0`	foo の version1.0.0 をインストールする.
`pip install -I foo`	foo を再インストールする.
`pip install -U foo`	foo をアップグレードする.
`pip list`	pip が管理しているインストール済みパッケージを表示する.
`pip list -o`	パッケージが最新バージョンか表示する.
`pip freeze > pkg.txt`	インストール済みパッケージを pkg.txt に出力する.
`pip install -r pkg.txt`	pkg.txt に記載されたパッケージをまとめてインストールする.
`pip uninstall foo`	foo をアンインストールする.

```
  File "F:\PortablePython2.7.6.1\App\lib\site-packages\psychopy-
1.83.01-py2.7.egg\psychopy\iohub\net.py", line 28, in <module>
    from gevent import sleep, Greenlet
ImportError: No module named gevent
```

pip や easy_install で PsychoPy をインストールした場合は，デスクトップなどにアプリケーション起動用のアイコンが登録されないので，PsychoPy の起動スクリプトを直接実行して起動する必要がある．起動スクリプトは Python のパッケージディレクトリの psychopy/app/psychopyApp.py である．パッケージディレクトリは Windows であれば通常 Python のインストールディレクトリの lib/site-packages というディレクトリである (例えば C:\Python27\lib\site-packages)．Linux 系 OS の場合は/usr/lib や/usr/local/lib に Python2.7 や python3 といった Python のバージョン名に対応したディレクトリがあり，その中の dist-packages というディレクトリがパッケージディレクトリである．インストール方法によっては site-packages (または dist-packages) と psychopy の間に psychopy1.83.04-py2.7.egg のように PsychoPy のバージョンに-py2.7.egg が付いたフォルダが入っている場合もあるため，各自の環境で確認すること．

A. 3　Standalone PsychoPy へのパッケージの追加 (Windows)

Windows 上で Standalone PsychoPy を使用する場合，大きな問題となるのが Python パッケージの追加インストールである．多くのパッケージは Windows 用インストーラーが用意されているが，これは python.org から配布されている Windows 用 Python 向けのものであり，Standalone PsychoPy に対して使用することができない．Windows のレジストリを編集すれば使用可能となるが，レジストリの編集は誤るとシステムに悪影響を与える恐れがあるため勧められない．

レジストリ編集以外には，A. 2 節で触れた `easy_install` と `pip` を有効にするという方法がある．これらは Python のパッケージを管理するためのツールであり，Standalone PsychoPy に含まれているのだが，使用可能な状態となっていない．以下に使用可能とするための手順を述べる．

1) コマンドプロンプトから Standalone PsychoPy の Python を起動できるように，Standalone PsychoPy の実行ディレクトリが環境変数 PATH に含まれていることを確認する．Standalone PsychoPy が C:\Program Files (x86)\PsychoPy2 にインストールされているならば，C:\Program Files (x86)\PsychoPy2 と C:\Program Files (x86)\PsychoPy2\Scripts が PATH に含まれていなければならない．含まれていなければ，コントロールパネルの「環境変数」を開いて環境変数 PATH に追加すること．システムに複数の Python をインストールしている場合は，他の PsychoPy が実行されるように設定されていないか注意すること．確認方法や追加方法がわからない場合は 5) で一時的に PATH を追加する方法を解説するのでまず 2) の手順へ進むこと．
2) PyPI (Python Package Index) の `setuptools` のページ (https://pypi.python.org/pypi/setuptools/) から，ez_setup.py をダウンロードする．
3) コマンドプロントを「管理者として実行」し (図 A.1)，Python で ez_setup.py を実行する．カレントディレクトリに ez_setup.py があるならば "`python ez_setup.py`" と入力すればよい．これで `setuptools` がインストールされ，`easy_install` が使用可能となる．管理者権限のコマンドプロンプトは引き続き使用するので手順の最後まで終了しないこと．
4) `easy_install` を用いて `pip` をアップグレードする．管理者権限のコマンドプロンプトから "`easy_install --upgrade pip`" を実行すればよい．「'easy_install' は，内部コマンドまたは外部コマンド，操作可能なプログラムまたはバッチファイルとして認識されていません.」というエラーメッセージが表示される場合は 5)，問題なく完了した場合は 6) へ進むこと．
5) このエラーメッセージが表示される場合は，環境変数 PATH が設定されていない．コマンドプロンプトから "`path C:¥Program Files (x86)\PsychoPy2\Scripts;%PATH%`" と入力すると，一時的に PATH に C:\Program Files (x86)\PsychoPy2\Scripts を追加できる．; や% も間違えずに入力すること．また，PsychoPy を標準以外の位置へインストールしている場合は，C:\Program Files (x86) の部分をインストール場所に合わせて変更すること．この設定はコマンドプロンプトを終了すると無効になる点に注意．設定が終了したら 4) へ戻って作業を続ける．
6) これで準備完了だが，パッケージによってはインストール時に `wheel` パッケージが必要になるので，これもインストールしておく．管理者権限のコマンドプロンプトから `pip install wheel` を実行する．

以上で準備は完了である．後は管理者権限のコマンドプロンプトから `pip` コマンドを用いてパッケージのインストールやアップデートを行えばよい．

A.4　コマンドライン引数の参照

スクリプトを PsychoPy Coder ではなくコマンドプロンプトやターミナルから実行する人の中には，参加者名などの情報を 2.3.6 のようなダイアログを用いずに直接コマンドラインから入力したい人もいるだろう．`sys` モジュールを import すると，`sys.argv` にコマンドライン引数のリストが得られるので，これを利用するとよい．以下のコードは引数の個数と一覧を出力する例である．引数に日本語などを使用するのは，Python における文字コードの扱いを十分に理解していない限りおすすめしない．

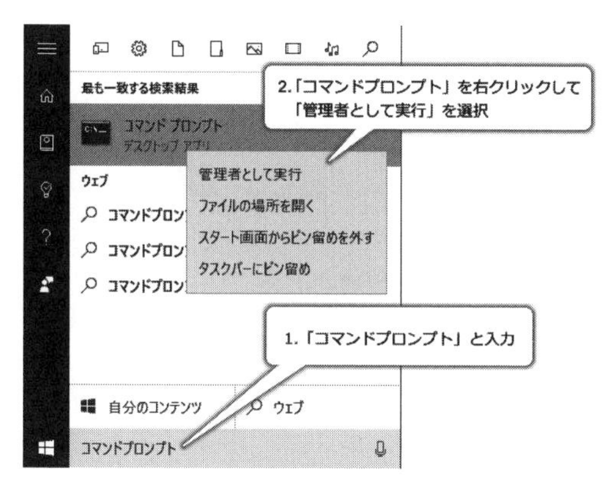

図 **A.1** 管理者としてコマンドプロンプトを実行 (Windows10)

```
import sys

print('{} argument(s).'.format(len(sys.argv)))
for i in range(len(sys.argv)):
    print(' {}:{}'.format(i+1,sys.argv[i]))
```

なお，Windows で “スクリプト名 引数” とコマンドラインに入力して実行するとうまく引数が `sys.argv` に渡されないので，“`python` スクリプト名 引数” のように `python` の引数としてスクリプト名を指定して実行すること．

A.5 Portable PsychoPy

大学の計算機センターの Windows PC など，管理者権限がなくて PsychoPy をインストールできない PC でも，筆者が配布している Portable PsychoPy が使用できる可能性がある．配布ページのアドレスは http://www.s12600.net/psy/etc/python.html#portable である．

Portable PsychoPy は zip 形式のファイルで配布されており，zip ファイルをダウンロードした後に展開するだけで使用することができる．USB メモリにコピーしておけば，Windows PC に USB メモリを差し込んで USB メモリ上から実行することが可能である．USB メモリへのコピーはかなり時間がかかるので忍耐強く待つ必要がある．

Portable PsychoPy のデメリットは，最初に起動する時に非常に時間がかかることである．一度起動してしまえば，実験自体は通常の方法で PC にインストールした Standalone PsychoPy と大差ない速度で動作する．ただし，安価な USB メモリの中には読み出しや書き込みの速度が非常に遅いものがあり，そのような USB メモリを使用すると書き込み速度が足枷となってパフォーマンスが低下する．書き込み速度は速ければ速いほどよいので，購入できる範囲で最も速いものを用意することを勧める．

Portable PsychoPy を起動するには，zip ファイルを展開したディレクトリにある PortablePsychopyLauncher.exe または PPPLauncher_CopyConfig.exe のどちらかをダブルクリックする (図 A.2)．両者の違いは PsychoPy の設定ファイルの扱いである．通常，PsychoPy は A.6.2 項で述べる位置に設定ファイルを作成する．USB メモリに Portable

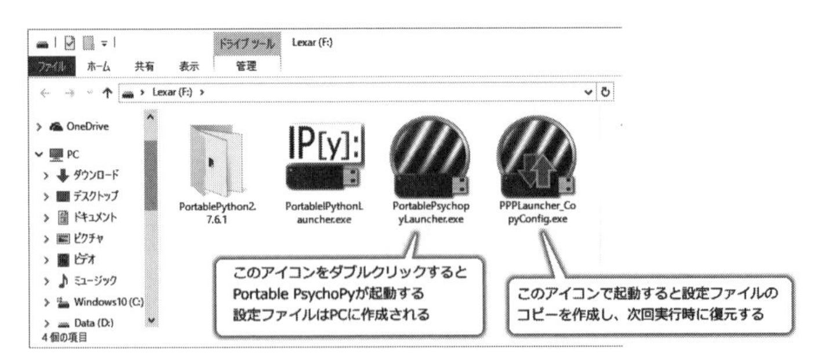

図 **A.2** Portable PsychoPy の起動方法.

PsychoPy をコピーして使用している場合，研究室の PC で作業中に設定を変更し，帰宅後に自宅の PC で続きの作業をするといったことをすると，研究室の PC で行った設定の変更が自宅の PC では未変更のままとなってしまう．PPPLauncher_CopyConfig.exe を使用して Portable PsychoPy を実行すると，終了時に USB メモリ上の psychopy2 というディレクトリに設定ファイルのコピーを自動作成する．次回，この USB メモリを他の PC に差して再び PPPLauncher_CopyConfig.exe を使って Portable PsychoPy を実行すると，USB メモリの psychopy2 ディレクトリに保存された設定ファイルが PC の適切な場所へコピーされる．したがって，PPPLauncher_CopyConfig.exe を使用すれば PC 間で PsychoPy の設定ファイルを同期することができる．

一方，PortablePsychopyLauncher.exe を使用すると，設定ファイルのコピーは一切行われない．設定ファイルにはモニターの設定なども含まれるので，研究室の PC と自宅の PC で使用しているモニターサイズが大きく異なる場合などは，設定ファイルを同期しない方がよい．PsychoPy の設定は最初にモニター等の設定をしてしまった後は頻繁に変更することはないと思われるので，もっぱら PortablePsychopyLauncher.exe を使用して設定変更は各 PC で手作業で行うという選択もありだろう．

なお，Portable PsychoPy 上では `MovieStim3` のバックエンドである FFmpeg がうまく認識されない場合がある．このような場合は，Portable VLC MediaPlayer をダウンロードして `MovieStim2` を使用するとよい．Portable VLC MediaPlayer は http://portableapps.com/apps/music_video/vlc_portable で配布されている．ダウンロードした exe ファイルを実行するとファイルの展開先を聞かれるので，Portable PsychoPy をコピーしているドライブのルートに展開する．もちろんいったんデスクトップなどに展開してからコピーしてもよい．例えば E:\ ドライブとして認識されている USB メモリに Portable PsychoPy がコピーされている場合，E:\VLCPortable というディレクトリが存在している状態になっていれば成功である．

A.6 PsychoPy に関する補足

A.6.1 `Window` オブジェクト

`Window` オブジェクトのコンストラクタの引数およびメソッドのうち，本文で使用しなかったが重要だと思われるものについて補足する．

Retina ディスプレイ (MacOS X)

MacOS X 上で Retina ディスプレイを使用している場合，PsychoPy は高解像度モード (Retina ディスプレイの本来の解像度) を使用せずに低解像度で刺激描画を行う．高解像度モードを使用する場合は，`Window` オブジェクトのコンストラクタの引数 `useRetina` に `True` を指定する．`useRetina` のデフォルト値は `False` である．

マルチモニター環境

実験に使用する PC に複数台のモニターが接続されている場合，`Window` オブジェクトのコンストラクタの引数 `screen` を用いて PsychoPy のウィンドウを開くモニターを指定することができる．引数 `screen` が正式にサポートされるのは `Window` オブジェクトのバックエンドが pyglet である場合のみである．

以下に 2 台のモニターの両方に PsychoPy にウィンドウを開き，OS によって認識されている第 1 モニターに Screen 0，第 2 モニターに Screen 1 と表示する例を示す (`import` 文などは省略).

```
1  win0 = psychopy.visual.Window(screen=0) # モニター 0
2  win1 = psychopy.visual.Window(screen=1) # モニター 1
3
4  text0 = psychopy.visual.TextStim(win0, text='Screen 0')
5  text1 = psychopy.visual.TextStim(win1, text='Screen 1')
6
7  text0.draw()
8  text1.draw()
9
10 win0.flip()
11 win1.flip()
```

1〜2 行目のようにモニター毎に `Window` オブジェクトを作成する．引数 `screen` にモニターのインデックスを指定する．第 1 モニターがインデックス 0 である．刺激オブジェクトを作成する際に，どちらの `Window` オブジェクトに描画を行うのかを第 1 引数で指定する (4〜5 行目)．`draw()` を行った後，各 `Window` オブジェクトの `flip()` を実行する．

実験開始時の操作 (刺激パラメータの入力など) を実験参加者に見せないために，2 台のモニターを用意して第 1 モニター上で操作を行い，第 2 モニターに刺激を描画するといった場合は，引数 `screen=1` で `Window` オブジェクトを 1 個作成すれば十分である．

VSYNC の無効化

2.4.1 項で述べた通り，PsychoPy は VSYNC に同期して刺激の描画を行う．何らかの理由で VSYNC を無視して直ちにフリップを行わせたい場合は，`Window` オブジェクトのコンストラクタの引数 `waitBlanking` に `False` を指定する．`waitBlanking` のデフォルト値は `True` である．

スクリーンキャプチャの保存

PsychoPy のウィンドウは通常のアプリケーションのウィンドウと異なるため，OS のスクリーンキャプチャ機能を用いてスクリーンキャプチャを保存することができない場合がある．`Window` オブジェクトには，現在のバッファの状態を取得する `getMovieFrame()` というメソッドと，取得したバッファを画像ファイルとして保存する `saveMovieFrames()` というメソッドがあり，これらを利用すると PsychoPy ウィンドウのスクリーンキャプチャを保存することができる．

まず，保存したいフレームを描画した時点で `getMovieFrame()` メソッドを実行する．引数 `buffer` でフロントバッファとバックバッファのどちらを取得するかを指定する．以下の例ではバックバッファを指定している．`flip()` の直前に実行するとよいだろう．

```
win.getMovieFrame(buffer='back')
```

そして，試行と試行の間や実験終了時など，保存を行う時間的余裕がある時に `saveMovieFrames()` メソッドを実行する．引数は保存するファイル名である．複数回の `getMovieFrame()` が実行されていた場合は，cap01.png，cap02.png という具合に拡張子の前に番号が自動的に挿入される．

```
win.saveMovieFrames('cap.png')
```

ステレオ表示

使用している PC のグラフィックボードが OpenGL によるクアッドバッファステレオに対応している場合，`Window` オブジェクトの引数 `stereo` に `True` を指定することによってステレオ表示が可能となる．`stereo` のデフォルト値は `False` である．

```
win = visual.Window(stereo=True, fullscr=True)
```

刺激を描画する際には，以下のように `setBuffer()` メソッドを用いて左目用と右目用と刺激を描画した後，まとめて `flip()` する．

```
win.setBuffer('left', clear=True) # 左目提示用バッファに切り替え
# ここで左目用の刺激を描画
win.setBuffer('right', clear=True) # 右目提示用バッファに切り替え
# ここで右目用の刺激を描画
win.flip() # フリップする
```

ブレンドモード

PsychoPy の標準設定では，色が $B = (R_b, G_b, B_b)$ の位置に不透明度 t，色 $S = (R_s, G_s, B_s)$ の刺激を描画すると，その位置の色は $tS + (1-t)B$ となる．これは一般的な (光の) 加法混色と一致しない．`Window` オブジェクトの引数 `blendMode` に `'add'` を指定することによって，加法混色によって色が決定される．すなわち，色 B の位置に色 S の刺激を描画すると，その位置の色は $tS + B$ となる．ただし，`blendMode` を `'add'` にする場合は同時に引数 `useFBO` を `True` としなければならない (デフォルト値は `False`) 点と，加算の結果として色の各成分が適正範囲を超えてしまった場合 (例えば RGB 色空間で 1 を超えた場合) には描画が破綻してしまう点に注意する必要がある．

なお，標準の $tS + (1-t)B$ によって色を決めるモードは引数 `blendMode='avg'` であり，`'avg'` が `blendMode` のデフォルト値である．

A.6.2 PsychoPy の設定ファイルと psychopy.preferences.Preferences オブジェクト

PsychoPy の設定ダイアログで設定した内容は，userPrefs.cfg という名前のテキストファイルで保存される．userPrefs.cfg の保存場所は Microsoft Windows では%APPDATA%\psychopy2，Linux 系 OS や MacOS X では /.psychopy2 である．

userPrefs.cfg の内容は，PsychoPy に含まれるモジュールを import する時に

表 A.2　Preferences オブジェクトと設定ダイアログの対応

データ属性	対応する「設定」ダイアログのタブ
general	一般
app	アプリケーション
builder	Builder
coder	Coder
connections	ネットワーク
keys	キー設定

表 A.3　psychopy.data モジュールに含まれるクラス

TrialHandler	random, sequential, fullrandom
StairHandler	staircase
MultiStairHandler	interleaved staircases (ステアの種類は simple)
QuestHander	interleaved staircases (ステアの種類は QUEST)

psychopy.prefs という変数に psychopy.preferences.Preferences オブジェクトとして読み込まれる．Preferences オブジェクトには，PsychoPy の設定ダイアログの各タブの内容が表 A.2 に示すデータ属性として格納されている．各データ属性に [] 演算子を適用することによって辞書オブジェクトのように各項目の設定値を取り出すことができる．例えば「一般」タブの「オーディオライブラリ」の項目であれば，psychopy.prefs.general['audioLib'] である．値は変更することも可能なので，以下のようにスクリプト内で使用する設定値を指定することも可能である．

```
1 import psychopy
2 psychopy.prefs.general['audioLib'] = ['pygame']
3 import psychopy.sound
4
5 s = psychopy.sound.Sound() # 設定に関わらずpygame が使用される
```

この例で注目すべきは，1 行目で psychopy を import して 2 行目で設定値を変更した後に psychopy.sound を import している点である．psychopy.sound.Sound が使用するライブラリは psychopy.sound を import する時点で決定されるので，import の前に設定値を変更しなければならないからである．

A.6.3　psychopy.data モジュール

2.2.4 項で述べた通り，PsychoPy には実験手続きを制御するための psychopy.data というモジュールが含まれている．このモジュールに頼らないプログラミングを覚えなければ他の開発環境へ移行する必要が生じた時に苦労すると予想されるので，本文では一般的な制御文を用いる方法を解説した．しかし，このモジュールが PsychoPy の大きな特徴のひとつであることも事実なので，概要を紹介しておく．

psychopy.data は，パラメータのリストに基づいて恒常法などの実験手続きを実現する．具体的には，PsychoPy Builder において Loop を挿入する際に「Loop の種類」として選択できるものが，psychopy.data で実現できる手続きである．表 A.3 に psychopy.data に含まれるクラスとそれに対応する Builder の「Loop の種類」を示す．

最も単純な TrialHandler の使用例を以下に示す．まず 2.2.4 項と同様にパラメータのリストを作成するが，リストの各要素が辞書オブジェクトである点が 2.2.4 項と異なる．このリストを引数として，6 行目のように TrialHandler オブジェクトを作成する．引数 trialList がパラメータのリスト，nReps は各パラメータの繰り返し回数，method は繰り返しの方法である．詳しくは TrialHandler のヘルプを参照のこと．

```
stim_list = []
for stim_color in ['red', 'green']:
    for x_pos in [-0.5, 0.5]:
        stim_list.append({'stim_color':stim_color, 'x_pos':x_pos})

trials = psychopy.data.TrialHandler(
             trialList=stim_list, nReps=5, method='fullRandom')
```

TrialHandler オブジェクトに for 文を適用すると，method で指定した方法で選択された現在の試行のパラメータを格納した psychopy.data.TrialType オブジェクトが得られる．以下の例では，変数 current_trial に TrialType オブジェクトを代入している．2 行目のように，キーを用いてこのオブジェクトからパラメータの値にアクセスすることができる．TrialType オブジェクトのデータ属性 data には各試行のデータを格納している psychopy.data.DataHandler が格納されており，4 行目のように add() メソッドを用いてその試行の反応を記録することができる．すべての試行が終了した後に，TrialType オブジェクトの saveAsExcel() メソッドを実行すると xlsx ファイルとして実験結果を保存できる．

```
for current_trial in trials:
    stim_color = current_trial['stim_color']

    key = psychopy.event.waitKeys(keyList=['right','left'])
    trials.data.add('response', key[0])

trials.saveAsExcel(fileName='results.xlsx')
```

psychopy.data.Conditions() という関数を用いると，PsychoPy Builder のように Microsoft Excel の xlsx ファイルや CSV ファイルからパラメータリストを得ることができる．xlsx ファイルまたは CSV ファイルは，1 行目に辞書オブジェクトのキーとして用いるためのパラメータ名を入力し，2 行目以降に書くパラメータの値を入力する．1 行が 1 つのパラメータの組み合わせに対応する．詳しくは Builder の解説を参照のこと．

```
stim_list = psychopy.data.importConditions('condition.xlsx')
trials = psychopy.data.TrialHandler(trialList=stim_list)
```

なお，saveAsExcel() メソッドで保存される実験結果は 1 行に 1 つのパラメータの組み合わせの試行の結果が要約されており，分析の目的によっては不便な場合がある．1 試行毎に 1 行のデータとして出力するには，psychopy.data.ExperimentHander オブジェクトを用いる．ここではごく基本的な使用手順の例を示すのみにとどめる．

まず，ExperimentHander オブジェクトと TrialsHandler オブジェクトを作成して，addLoop() メソッドを用いて ExperimentHander オブジェクトに TrialsHandler オブジェクトを登録する．そして，TrialsHandler オブジェクトを用いて試行を繰り返す際に，各試行の終了時に nextEntry() メソッドを実行して ExperimentHander オブジェクトに試行が終了したことを記録する．実験の終了時に abort() メソッドを実行すると，試行毎のパラメータや反応を記録したファイルが保存される．

```
1  experiment = psychopy.data.ExperimentHandler(
2      name='Exp1', dataFileName='Exp1_results')
3  trials = psychopy.data.TrialHandler(trialList=stim_list)
4
5  experiment.addLoop(trials) # 実験にTrialsHandlerを登録
6
7  for current_trial in trials:
8      # 刺激描画や反応計測を行い,結果をaddData()する
9
10     experiment.nextEntry() # 現在の試行が終了したことを
11                            # ExperimentHandlerに記録
12
13 experiment.abort() # データの保存などの終了処理を行う
```

詳細はPsychoPyのドキュメントおよび`ExperimentHandler`のヘルプを参照のこと．PsychoPy Builderは`ExperimentHandler`を用いて実験を作成するので，Builderで実験を作成した後Pythonのスクリプトをコンパイルすると`ExperimentHandler`のよい使用例が得られる．

A.6.4　=演算子による視覚刺激オブジェクトの更新

2.2.2項で触れたように，PsychoPy 1.81.00以降では視覚刺激の回転角度などのパラメータを，データ属性に値を代入するような書式で更新することができる．例えば変数`stim`に格納された`TextStim()`のパラメータ`text`を更新したい場合，第2章のメソッドを用いる方法では`stim.setText('foo')`と書くが，これを`stim.text='foo'`と書くことができる．

この=演算子を用いる方法が効果的なのは，フレーム毎に位置や回転角度などのパラメータの相対的な変化量が与えられる場合である．実験参加者がカーソルキーの左右を押して刺激の角度を調整するという実験を考えよう．刺激オブジェクトは変数`stim`に格納されているものとする．右キーが時計回りで，回転量はキー押し1回につき0.5°とする．`setOri()`を用いて回転角度を変更するならば，現在の回転角度を保持する変数`stim_ori`などを用意して以下のようにコードを書くだろう．

```
keys = psychopy.event.getKeys()
if 'right' in keys:
    stim_ori += 0.5
elif 'left' in keys:
    stim_ori -= 0.5
stim.setOri(stim_ori)
```

=演算子を用いると，`stim_ori`のような状態保持用の変数を使わずに以下のように書ける．

```
keys = psychopy.event.getKeys()
if 'right' in keys:
    stim.ori += 0.5
elif 'left' in keys:
    stim.ori -= 0.5
```

現在の値が必要な場合は，通常のデータ属性のようにアクセスすることができる．以下に現在の回転角度をファイルに書き出す例を示す．

```
data_file.write('{}\n'.format(stim.ori))
```

setOri などのメソッドを利用する利点は，psychopy.logging を用いてログを出力する際にパラメータの更新を出力するか否かを指定できる点である．刺激オブジェクトのパラメータ変更をログに出力するか否かは，autoLog というパラメータによって決まる．autoLog が True であれば出力され，False であれば出力されない．= 演算子を用いた場合は，autoLog の設定に従ってログへの出力の有無が決定される．メソッドを用いる場合もデフォルトでは autoLog の設定に従うが，stim.setOri(stim_ori, log=False) のように引数 log を明示して重要なパラメータ更新のみを出力することが容易にできる．

A.7 ctypes による共有ライブラリを利用した計測機器の制御

本節では，Python での動作をサポートしていない計測機器を Python から動かす方法について述べる．もちろんサポート外の言語から使用しようというのだからうまくいくとは限らないが，メーカーが「共有ライブラリ」を提供している機器であれば，多くの場合 ctypes というモジュールを使って Python から利用することができる．機器に付属するマニュアルに書かれている C 言語用の関数のリファレンスを読んで，関数の引数や戻り値のデータ型を理解できる程度の C 言語の知識があることを前提とする．

ctypes を import すると，ctypes.cdll，ctypes.windll といったクラスが利用できるようになる．これらのクラスの LoadLibrary() メソッドを用いると，引数に指定した共有ライブラリの関数を Python から直接呼び出すことができる．以下に Linux において共有ライブラリ libc.so.6 の printf() を実行して標準出力に Hello World!と出力する例を示す．あたかも LoadLibrary() の戻り値として得られるオブジェクトに printf() というメソッドがあるかのように記述することができる．

```
1 libc = ctypes.cdll.LoadLibrary('/lib/x86_64-linux-gnu/libc.so.6')
2 libc.printf("Hello, World!\n) # 共有ライブラリのprintf()を実行
```

なお，システムによっては printf() を含む共有ライブラリがこの例のパスとは異なるので，上記のコードで動かない場合は適切に書き換える必要がある．printf() は MacOS X では libc.dylib に，Windows では msvcrt.dll に格納されている．

Windows の場合，windll は kernel32.dll，user32.dll といった Windows の共有ライブラリを最初から読み込んでいるので，これらのライブラリに含まれる関数は ctypes の import 直後から利用することができる *2)．以下に Sleep() を用いて 10000 ミリ秒 (10 秒) 待った後に SetCursor() を用いてマウスカーソルを左上の端に移動させる例を示す．Sleep() の例のように，Python の変数を引数として使用することが可能である．

```
1 duration=10000 # Sleep()に渡す値
2 ctypes.windll.kernel32.Sleep(duration) # Sleep()を実行
3 ctypes.windll.user32.SetCursorPos(0,0) # SetCursorPos()を実行
```

計測に使用したい Windows 用デジタル IO ユニットのマニュアルを確認したところ，digital_io.dll という共有ライブラリに含まれる void dio_init(void) という関数を実行すると自作プログラムから使用できることがわかったとしよう．digital_io.dll が C:\Program Files\io にあるのならば，以下のように LoadLibrary() で読み込んで void dio_init() を実行する

*2) Windows API を呼び出すことが目的であれば，pywin32 というパッケージの方がさらに便利である．

表 **A.4** ctypes に定義されている型

c_float	c_bool	c_buffer	c_byte	c_char	c_char_p
c_double	c_int	c_int16	c_int32	c_int64	c_int8
c_long	c_longdouble	c_longlong	c_short	c_size_t	c_ssize_t
c_ubyte	c_uint	c_uint16	c_uint32	c_uint64	c_uint8
c_ulong	c_ulonglong	c_ushort	c_void_p	c_wchar	c_wchar_p

ことができる．

```
1 lib = ctypes.windll.LoadLibrary('C:/Program Files/io/digital_io.dll')
2 lib.dio_init()
```

なお，正確には `windll` と `cdll` は OS の違いではなく共有ライブラリの呼び出し規約に応じて使い分ける．stdcall 規約に従うものは `windll`，cdecl 規約に従うものは `cdll` を用いる．多くの場合，Windows 用の共有ライブラリは stdcall 規約に従うので `windll` で対応できる．

`void dio_init(void)` のように引数がない関数や，先ほどの `printf()` や `SetCursorPos()` の例のように引数が単なる数値や文字列の場合は，そのまま書けばよい．しかし，変数をポインタで渡す必要がある関数の場合は C 言語と Python の間でデータ型の変換を行わなければならない．このために，ctypes には表 A.4 に示すオブジェクトが定義されている．C 言語の `double` が `ctypes.c_double` という具合に対応している．`c_char_p` のように末尾に `_p` が付いているのはポインタ型の変数として解釈される．

これらのオブジェクトは，引数を与えることで初期化することができる．初期化する必要がなければ以下の 3 行目の例のように引数なしで作成することもできる．格納されている値を Python の式の中で使いたい場合は，4 行目のように `value` というデータ属性を用いる．

```
1 i = ctypes.c_int32(-100) # 値が-100である 32bit 整数の変数を作成.
2 s = ctypes.c_char_p('Test') # "Test"という文字列へのポインタを生成.
3 v = ctypes.c_int() # 整数型の変数を作成. 値は初期化しない.
4 i.value = i.value + 7 # Python の式に用いたい場合は value を使う.
```

配列が必要な場合は，やや直感的ではないがオブジェクトに*演算子を適用する．() の方が演算子の優先順位が高いので，以下のように優先順位を指定する必要がある．作成された配列は Python のリストのように使用できるが，int 型配列に浮動小数点数や文字列を代入しようとすると当然エラーとなる．配列がメモリ上で何 byte を占めるかをコード上で得る必要がある場合は，sizeof 演算子に対応する `ctypes.sizeof()` が使える．

```
1 v = (ctypes.c_int32*100)() # 要素数 100の int 型配列を作成
2 v[0] = 5 # Python のリストのように代入できる
3 v[0:5] = [1, 2, 3, 4, 5] # スライスも使用できる
4 ctypes.sizeof(v) # 32 bit=4 byte 整数 100 個なので 400 となる
```

これらのオブジェクトが真価を発揮するのは，C 言語における「参照渡し」が必要となる関数を呼び出す時である．計測機器用の共有ライブラリの関数に，int 型変数へのポインタを渡すとそこへ機器の状態を返す `dio_query_status(int* status)` という関数があるとしよう．このような関数を ctypes から呼び出す場合は，受け皿となる変数 `status` を作成してから `ctypes.byref()` を使って参照渡しを行う．

```
1 status = ctypes.c_int()
2 lib.dio_query_status(ctypes.byref(status))
```

構造体を引数として与える必要がある場合は，ctypes.Structure を基底クラスとして構造体に対応するクラスを定義する．例えば入出力とレンジをチャネル毎に設定できる 8 チャネルアナログ入出力ユニットがあって，各チャネルの状態を得る関数 dio_get_channel_status(*CHDATA) という関数があるとする．引数の*CHDATA は以下の構造体 CHDATA を 8 個並べた配列へのポインタとする．関数を実行すると，io_mode に入出力のモード，range にレンジを表す定数がセットされる．

```
typedef struct {
    unsigned int io_mode;
    unsigned int range;
} CHDATA;
```

この関数を ctypes から利用するには，まず構造体 CHDATA に対応する Python のクラスを以下のように作成する．ctypes.Structure を基底クラスとし，_fields_というデータ属性に構造体のフィールドを記述する．フィールドは (名前, データ型) のタプルで記述し，C 言語における構造体の宣言と同じ順番にリストに並べる．データ型が配列である場合は，('member', ctypes.c_int*100) のように*演算子を用いて記述する．

```
class CHDATA(ctypes.Structure):
    _fields_ = [
        ('io_mode', ctypes.c_uint),
        ('range',   ctypes.c_uint)
    ]
```

このクラスを用いると，以下のように dio_get_channel_status(*CHDATA) を Python から実行することができる．chdata は Python のオブジェクトなので，構造体のフィールドには通常の Python オブジェクトのデータ属性としてアクセスできる．

```
chdata = (CHDATA*8)() # CHDATA を 8 個並べた配列を作成
lib.dio_get_channel_status(ctypes.byref(chdata)) # 実行
print(chdata[0].io_mode) # データ属性としてアクセスできる
```

共用体が必要な場合は，ctypes.Union を基底クラスとして構造体と同様の方法で Python のクラスを作成すればよい．

ctypes は共有ライブラリ関数の呼び出し時にできる限り引数の型を推定しようとするが，うまく推定ができない場合がある．また，戻り値は整数であると仮定する．C 言語の標準ライブラリの strchr() を例として説明しよう *3)．strchr() は第 1 引数に文字列へのポインタ，第 2 引数に文字コード (すなわち数値) を受け取り，第 2 引数に指定した文字を第 1 引数の文字列から探す．見つかった場合は最初に見つかった第 2 引数の文字の位置へのポインタが戻り値として得られる．つまり，p = strchr("psychology",'o') とすれば"ology"という文字列が得られる．この strchr() を ctypes から利用すると，奇妙な結果となる．Python インタプリタから実行した例を以下に示す．2 行目に出力されている 0 が戻り値である．0 は C 言語では空文字列を表すので，“o”が見つからなかったということを示している．

```
>>> lib.strchr("psychology","o")
0
```

---

*3) Windows ならば lib=ctypes.cdll.msvcrt，Ubuntu なら lib=ctypes.CDLL('libc.so.6')，MacOS X なら lib=ctypes.CDLL('libc.dylib') とすればよいだろう．

この例では二つの問題が生じている．まず，ctypes には第 2 引数が “o” という文字列ではなく “o” の文字コードであることが理解されていない．そのため，第 1 引数の文字列から “o” を探せないのである．引数の型を明示するためには，以下のように argtypes というデータ属性に引数の型を並べたリストを渡す．この作業はスクリプトの中で 1 回行っておけば，スクリプト終了まで有効である．Python インタプリタから実行した例を以下に示す．

```
1 >>> lib.strchr.argtypes = [ctypes.c_char_p, ctypes.c_char]
2 >>> lib.strchr("psychology","o")
3 46101049
```

戻り値は 0 ではなくなったので “o” を発見できているようだが，まだ問題が残っている．意味不明な数値が表示されているのは，ctypes は戻り値が整数であると仮定しているためである．戻り値の型を指定するには，データ属性 restype を用いる．argtypes と同様に，スクリプト内で 1 回行っておけば，スクリプト終了後まで有効である．restype と argtypes を両方指定することによって，期待した戻り値が得られる．

```
1 >>> lib.strchr.argtypes = [ctypes.c_char_p, ctypes.c_char]
2 >>> lib.strchr.restype = ctypes.c_char_p
3 >>> lib.strchr("psychology","o")
4 'ology'
```

以上のことを押さえておけば，共有ライブラリが提供されている計測機器の大部分を Python から使用することができる．コールバック関数の利用法など，ctypes についてさらに詳しく知りたい方は公式ドキュメントの ctypes の項目 (http://docs.python.jp/2/library/ctypes.html) などを参照していただきたい．

索　　引

Symbols

A

B

C

E

F

H

I

M

N

か 行

さ 行

た 行

は 行

ま　行

ら　行

著者略歴

そ ごう ひろ ゆき
十河宏行

1973 年　大阪府に生まれる
2001 年　京都大学大学院文学研究科博士後期課程修了
現　在　愛媛大学法文学部准教授
　　　　博士（文学）

実践 Python ライブラリー
心理学実験プログラミング
—Python/PsychoPy による実験作成・データ処理—

定価はカバーに表示

2017 年 4 月 10 日　初版第 1 刷

著　者　十　河　宏　行
発行者　朝　倉　誠　造
発行所　株式会社　朝　倉　書　店

東京都新宿区新小川町6-29
郵 便 番 号　162-8707
電　話　03(3260)0141
F A X　03(3260)0180
http://www.asakura.co.jp

〈検印省略〉

中央印刷・渡辺製本

ISBN 978-4-254-12891-8　C 3341　Printed in Japan